Asma Abderrahmen

Interfaces entre oxydes métalliques et cristal liquide

Asma Abderrahmen

Interfaces entre oxydes métalliques et cristal liquide

Modification et caractérisation

Presses Académiques Francophones

Impressum / Mentions légales
Bibliografische Information der Deutschen Nationalbibliothek: Die Deutsche Nationalbibliothek verzeichnet diese Publikation in der Deutschen Nationalbibliografie; detaillierte bibliografische Daten sind im Internet über http://dnb.d-nb.de abrufbar.
Alle in diesem Buch genannten Marken und Produktnamen unterliegen warenzeichen-, marken- oder patentrechtlichem Schutz bzw. sind Warenzeichen oder eingetragene Warenzeichen der jeweiligen Inhaber. Die Wiedergabe von Marken, Produktnamen, Gebrauchsnamen, Handelsnamen, Warenbezeichnungen u.s.w. in diesem Werk berechtigt auch ohne besondere Kennzeichnung nicht zu der Annahme, dass solche Namen im Sinne der Warenzeichen- und Markenschutzgesetzgebung als frei zu betrachten wären und daher von jedermann benutzt werden dürften.

Information bibliographique publiée par la Deutsche Nationalbibliothek: La Deutsche Nationalbibliothek inscrit cette publication à la Deutsche Nationalbibliografie; des données bibliographiques détaillées sont disponibles sur internet à l'adresse http://dnb.d-nb.de.
Toutes marques et noms de produits mentionnés dans ce livre demeurent sous la protection des marques, des marques déposées et des brevets, et sont des marques ou des marques déposées de leurs détenteurs respectifs. L'utilisation des marques, noms de produits, noms communs, noms commerciaux, descriptions de produits, etc, même sans qu'ils soient mentionnés de façon particulière dans ce livre ne signifie en aucune façon que ces noms peuvent être utilisés sans restriction à l'égard de la législation pour la protection des marques et des marques déposées et pourraient donc être utilisés par quiconque.

Coverbild / Photo de couverture: www.ingimage.com

Verlag / Editeur:
Presses Académiques Francophones
ist ein Imprint der / est une marque déposée de
AV Akademikerverlag GmbH & Co. KG
Heinrich-Böcking-Str. 6-8, 66121 Saarbrücken, Deutschland / Allemagne
Email: info@presses-academiques.com

Herstellung: siehe letzte Seite /
Impression: voir la dernière page
ISBN: 978-3-8381-8965-9

UNIVERSITÉ DE MONASTIR
FACULTÉ DES SCIENCES DE MONASTIR

THESE

Présentée à
La Faculté des Sciences de Monastir

Pour l'obtention du
DIPLÔME DE DOCORAT

Spécialité : *Physique*

Présentée et soutenue publiquement le 06 Mai 2009

Par
Asma Abderrahmen

Modification et caractérisation des interfaces entre oxydes métalliques et cristal liquide

Devant la commission d'examen :

Président	Mme. Besma Harzallah	Pr. Faculté des Sciences de Monastir
Rapporteurs	Mr. Taher Othman	Pr. Faculté des sciences de Tunis
	Mr. Joel Davenas	Directeur de recherche CNRS
Examinateurs	Mr. Hafedh Ben Ouada	Pr. Faculté des Sciences de Monastir
	Mr. Abdelhafidh Gharbi	Pr. Faculté des sciences de Tunis

A mes parents,
A mes sœurs et frères,
A mes proches

REMERCIEMENTS

Ce travail a été accompli au Laboratoire de physique de la matière molle (LPMM) de la Faculté des Sciences de Tunis et au Laboratoire de Physique et Chimie des Interfaces (LPCI) de la Faculté des Sciences de Monastir.

Il a été dirigé par Monsieur GHARBI ABDELHAFIDH, professeur à la faculté des sciences de Tunis, et Monsieur BEN OUADA HAFEDH, professeur à la faculté des sciences de Monastir, aux qui j'adresse mes vifs remerciements pour leurs aides constantes durant l'élaboration de ce travail qu'ils ont inspiré et encadré. Leurs sympathies, leurs conseils et l'enthousiasme qu'ils ont sus me communiquer m'ont permis d'accomplir ma tâche dans les meilleures conditions.

Que Mme FAYDA FEKIH ROMDHANE trouve ici l'expression de mes sincères remerciements pour l'aide constante durant l'élaboration de ce travail. Je tiens également à la remercier pour sa disponibilité et ses conseils lors de nombreuses discussions.

J'exprime toute ma gratitude à Mme Harzallah Besma, Professeur à la faculté des sciences de Monastir, pour l'honneur qu'elle me fait de présider le jury de soutenance de ma thèse.

Je suis très reconnaissante à Mr JOEL DAVENAS Directeur de Recherche CNRS à Lyon1, pour m'avoir permis d'accéder à son Laboratoire et réaliser les mesures d'absorbance optique et de photoluminescence et aussi pour avoir bien accepté d'évaluer ce travail.

Je voudrais remercier Monsieur TAHER OTHMAN Professeur à la Faculté des Sciences de Tunis pour avoir bien accepté de rapporter ce travail et d'avoir bien voulu siéger parmi les membres du jury et évaluer le présent travail.

Je remercie Mme Nicole Jaffrezic RENAULT, Directrice de recherche au CNRS pour m'avoir permis de réaliser les mesures par la technique de l'angle de contact au sein de son laboratoire.

Je tiens aussi à exprimer mes vifs remerciements à tous mes amis et collègues du Laboratoire Physique chimie des Interfaces (LPCI) à la Faculté des Sciences de Monastir et du Laboratoire de physique de la Matière Molle (LPMM) à la faculté des sciences de Tunis.

SOMMAIRE

CHAPITREII : OPTIMISATION DES CONDITIONS DE NETTOYAGE DU SUBSTRAT : L'OXYDE D'INDIUM ET D'ETAIN (ITO)

CHAPITREIII : CONSTRUCTION DE CELLULE A CRISTAL LIQUIDE

CHAPITRE III : PROPRIETES OPTIQUES ET DIELECTRIQUES DANS LA CELLULE A CRISTAL LQUIDE

INTRODUCTION

Introduction générale

La plus large application des cristaux liquides est dans les écrans et afficheurs à cristaux liquides ou "Liquid Crystal Displays" (LCD). Ce type d'affichage s'est largement répandu depuis les années 1990, pour remplacer peu à peu les écrans cathodiques des téléviseurs et des moniteurs d'ordinateur, pour s'intégrer dans les réveils, autoradios, montres, calculatrices, téléphones portables, baladeurs mp3, vidéoprojecteurs (Tri-LCD)...etc... Dans le mobilier, des "vitrages intelligents" sont constitués d'une couche de cristal liquide électriquement polarisable à travers une anode et une cathode en verre conducteur, la conduction est obtenue par le dépôt d'une couche mince de mélange de sel généralement l'oxyde d'indium et d'étain "Indium Tin Oxide" (ITO).

Dans ces dispositifs les phénomènes d'interface sont prépondérants. En fait, un cristal liquide en volume, dans son état fondamental, possède une symétrie de translation et de rotation. La présence de surface solide réduit la symétrie dans son voisinage dans le sens que les interactions entre le matériau et la surface éliminent les dégénérescences du niveau fondamental dues à la translation et la rotation. Ainsi, en absence d'excitation telle que l'application d'un champ électrique ou magnétique, ces interactions interfaciales commandent l'orientation des molécules du cristal liquide en volume. Plusieurs mécanismes microscopiques interviennent pour conditionner l'ancrage des molécules du cristal liquide sur la surface solide, les plus prépondérantes sont les forces de van der Waals et les interactions dipolaires des dipôles permanents. Pour conditionner l'orientation des molécules à l'interface, plusieurs traitements sont utilisés que ce soit par des méthodes mécaniques ou chimiques. Nous nous intéressons dans ce travail aux méthodes chimiques. Nous avons ainsi étudié l'effet orientationnel de greffons d'organosilane, d'une couche auto assemblée formée d'acide phosphonique et d'une couche de calixarène[4]. Des cellules symétriques sont alors réalisées avec des cristaux liquides cyanobiphényls, 5CB et 6CB. L'effet orientationnel des surfaces traitées est observé au microscope polarisant. Une étude par spectroscopie d'impédance électrique à basse et moyenne fréquences (du milli au méga Hertz) est entreprise sur ces cellules.

Nous présentons notre travail sur quatre chapitres :

Le premier chapitre est consacré à une étude bibliographique sur les cristaux liquides. Nous décrivons, en premier lieu la phase cristal liquide d'un matériau en présentant les différents types de ces matériaux. Par la suite, nous citons les principales propriétés des cristaux liquides nématiques qui sont les matériaux utilisés dans notre travail. En effet, nous introduisons la notion du paramètre d'ordre ainsi que l'ancrage des molécules du cristal liquide sur une surface. Par ailleurs, nous présentons brièvement les propriétés diélectriques et optiques de ces matériaux. Enfin, nous exposons quelques applications de ces matériaux. Nous mettons l'accent sur les applications optoélectroniques, évidemment dans les afficheurs ou nous décrivons le principe de fonctionnement, les avantages et les inconvénients.

Nous présentons, dans le deuxième chapitre, une étude expérimentale qui porte sur le nettoyage de la surface d'ITO avant qu'elle soit traitée par une couche d'alignement. L'objectif de ce travail est d'engendrer un protocole de nettoyage des électrodes d'ITO simple à manipuler tout en favorisant les conditions adéquates dans l'application des cellules d'affichage. En effet, les plaques d'ITO sont traitées par des solvants organiques ordinaires en utilisant des manipulations simples telles que le soxhlet et le bain ultrasonique. Nous avons caractérisé les lames traitées par la technique de l'angle de contact qui détermine le caractère hydrophile-hydrophobe de la surface nettoyée ainsi que son énergie de surface et ses composantes acide, basique et dispersive. Dans une partie suivante une analyse dynamique par spectroscopie d'impédance est effectuée sur des cellules à cristaux liquides construites à partir des lames nettoyées d'ITO. A partir des résultats obtenus par les deux techniques de caractérisation nous avons pu adopter un protocole de nettoyage de l'ITO qui nous offre les meilleures conditions dans notre application. Enfin, nous proposons dans ce chapitre une discussion des résultats en essayant de les interpréter.

Le troisième chapitre, porte sur l'élaboration et la caractérisation de la cellule à cristal liquide. Nous commençons par une description générale de la structure d'une cellule à affichage ainsi que ses différents types. Le dépôt de la couche d'alignement des molécules du cristal liquide sur l'ITO est une étape importante dans la réalisation de la cellule à affichage. Dans notre travail, différentes méthodes sont utilisées pour le dépôt de trois couches d'alignement. Dans une partie suivante nous présentons les composés chimiques de ces couches ainsi que les méthodes d'élaboration. Par ailleurs, nous nous intéressons à la caractérisation des lames traitées. Les techniques utilisées sont l'angle de contact, la microscopie électronique à balayage (MEB) et la microscopie à force atomique. Nous finissons ce chapitre par une discussion des résultats obtenus.

Le quatrième chapitre comporte une étude optique et diélectrique effectuée sur les cellules à cristaux liquides. En effet, dans la première partie de ce chapitre nous présentons les résultats des mesures de l'absorbance optique dans les domaines ultraviolet et visible et de la photoluminescence des cristaux liquides utilisés dans notre travail ainsi que les couches d'alignement. Dans la deuxième partie, nous nous intéressons à une étude diélectrique réalisée par spectroscopie d'impédance. Cette étude dynamique est effectuée dans une gamme large de fréquence allant de 1 mHz jusqu'à 13MHz. Nous avons mis l'accent sur la mesure de l'impédance, l'admittance et la conductance de la cellule à cristal liquide. L'analyse des spectres diélectriques est suivie par une modélisation en termes de circuit électrique équivalent à la cellule. Cette modélisation nous a permis de proposer une interprétation des phénomènes électriques observés.

CHAPITRE 1

CHAPITRE I

SYNTHÈSE BIBLIOGRAPHIQUE : GENÉRALITÉS SUR LES CRISTAUX LIQUIDES

« L'originalité des cristaux liquides tient au fait qu'il est très facile d'agir sur leur structure, par des agents physiques extérieurs »

Introduction :

Généralement, les molécules d'un cristal n'ont la liberté ni de se déplacer ni de tourner sur elles-mêmes (sauf celles des cristaux dits «plastiques»). Leurs degrés de liberté de translation et de rotation sont bloqués. Par contre, dans un liquide ordinaire, les molécules sont mobiles sans contraintes et libres de tous leurs mouvements. C'est à la fin du $19^{\text{ème}}$ siècle que la découverte de nouveaux états de la matière avait eu lieu. En effet, il a été trouvé que certains liquides cristallisent en passant par plusieurs états intermédiaires bien définis et passent ainsi par plusieurs étapes successives avant que les molécules perdent leurs degrés de liberté. Ces états intermédiaires définissent alors les cristaux liquides : ils sont de différentes sortes que Georges Friedel a classées en 1922 dans son célèbre article sur "les états mésomorphes de la matière" [1]. Aujourd'hui, plusieurs dizaines de types différents sont connus dont les plus célèbres sont les nématiques, les smectiques et les cholestériques, mais il pourrait y en avoir beaucoup d'autres.

Un peu d'histoire :

Les cristaux liquides, découverts il y a plus d'un siècle, ont présenté pendant longtemps un intérêt purement académique. Depuis les années soixante dix, l'étude de ces corps connaît un développement rapide. Ceci était à la suite de longs travaux et de la mise en évidence de nouveaux effets d'une importance technologique considérable.

- Il est pensé que la découverte des cristaux liquides s'est faite il y a 150 ans mais l'importance de cette découverte ne fut montrée que 100 ans plus tard [22].

- La première observation des cristaux liquides est attribuée à Buffon (1840) [2], Virchow (1850) et Mettenheimer (1857). Ils ne réalisèrent pas que c'était une phase inconnue mais ils remarquèrent que la fibre nerveuse qu'ils étudiaient formait une substance fluide qui montrait un état étrange lorsqu'on l'observait sous lumière polarisée.

- L'utilisation d'un microscope à lumière polarisée avec un système à température échelonnée pour observer les transitions de phases de certaines substances a aidé Otto Lehmann en 1877 à découvrir que ces substances passaient par une phase liquide trouble pendant la transition liquide/solide. Il remarqua que cette phase trouble possédait simultanément des propriétés d'un liquide (fluidité, formation de gouttelettes, coalescence des gouttes par contact, etc.) et des propriétés d'un cristal solide. Elle était aussi optiquement anisotrope. Mais Lehmann pensa que ceci était une simple phase d'imperfection.

-En 1888, et en menant les mêmes expériences, les botanistes autrichiens F.Reinitzer [3] et R. Virchow furent les premiers à suggérer que cette phase trouble était une nouvelle phase. Ils ont montré que des dérivés du cholestérol, dans certaines conditions, sont fluides tout en possédant des propriétés optiques qu'on n'attribuait à l'époque aux seuls solides cristallins. La mise en évidence de l'état cristal liquide était le sujet d'un brevet de découverte.

- A la fin du 19ème siècle, Gatterman et Ritschke produisaient le premier cristal liquide synthétique; le p-azoxyanisole. Depuis, il est possible de produire même des cristaux liquides avec certaines propriétés prédéfinies.

- Par ailleurs, une méthode permettant d'aligner les molécules dans une direction par rapport aux parois qui entourent le cristal liquide, fut développée par P.Chatelain.

- C'est en 1922, que G. Friedel [4] réussit à définir les cristaux liquides comme de véritables états de la matière ayant des structures moléculaires intermédiaires (mésomorphes) entre celles des cristaux et des liquides ordinaires. Il identifia clairement les trois grandes catégories de cristaux liquides et expliqua l'effet du champ électrique sur l'orientation des molécules.

- Entre les deux guerres, les bases mathématiques pour l'étude des cristaux liquides, furent développées par Oseen et Zöcher [24, 25, 26].

-Dans les années cinquante, Maier et Saupe formulèrent une théorie microscopique. Par ailleurs, Frank, Leslie et Ericksson composèrent des théories sur les systèmes statiques et dynamiques. L'américain Brown, le russe Chistiakoff et les britanniques Gray et Frank participèrent au regain d'intérêt pour les cristaux liquides.

- En 1963, Williams découvrit que le passage de la lumière à travers un cristal liquide changeait lorsqu' il était stimulé par un champ électrique.

- En 1968, Heilmeyer, un scientifique du R.C.A. (Radio Corporation of America) conçut un système utilisant ce concept. Le succès du prototype marqua le début de la technologie des LCD (liquid crystals display). Cependant, la stabilité du matériau était une des lacunes empêchant la commercialisation des premiers LCDs.
- En 1973, Sharp introduit sur le marché le EL_8025, la première calculatrice à technologie LCD. Ceci était à la suite de la découverte du matériau stable, le biphényl,

par un chercheur de l'université de Hull (G.B.). Cette première technologie reste la base des produits LCDs courants.

I- Les cristaux liquides :

Les cristaux liquides sont des matériaux qui présentent une ou plusieurs phases intermédiaires entre la phase solide cristalline et la phase liquide isotrope. Dans ces phases mésomorphes, le matériau possède un ordre local. Des microcristaux se forment et sont orientés au hasard. Le matériau possède alors la fluidité des liquides et l'anisotropie optique qui caractérise les solides. Il est possible de caractériser ces mésophases par la "brisure de symétrie" qui est inexistante dans les liquides et inhérentes aux cristaux. Dans les phases mésomorphes, la brisure de symétrie est partielle.

La coexistence des deux caractères isotrope et anisotrope fait des cristaux liquides des matériaux particulièrement attractifs notamment dans l'industrie des afficheurs.

Parmi les substances organiques, une sur deux cents environ montre les caractéristiques de cristal liquide. Après des années d'expérimentation, il s'est avéré qu' un certain type de matériaux peuvent posséder une phase cristal liquide à une certaine température. Ces matériaux se distinguent par leur structure moléculaire particulière :

- La molécule doit être de forme allongée. Sa longueur doit être significative par rapport à sa largeur.
- La molécule doit être rigide en son centre.
- Il est favorable que la molécule soit flexible en ses extrémités. L'élongation permet de fortes forces d'attraction lorsque les molécules sont alignées parallèlement. De plus, les molécules se rencontrent moins lorsque celles ci tendent toutes vers la même direction. Cela permet de stabiliser les phases alignées. L'extrémité flexible semble donner plus de liberté à la molécule pour qu'elle puisse se positionner plus facilement entre les autres molécules qui quant à elles se déplacent de manière désordonnée et confuse.

On distingue plusieurs classes de cristaux liquides. Les cristaux liquides thermotropes, dont la modification de la température entraîne les transitions d'une phase à l'autre, et les composés lyotropes, correspondant à des solutions de molécules amphipliiles, où les proportions relatives des solutés déterminent la nature de la phase mésomorphe ainsi constituée [5]. On trouve aussi les cristaux liquides polymériques et les cristaux liquides colloïdaux [6].

On distingue deux types de phases thermotropes : les phases calamitiques, formées par des molécules en forme allongée (molécules en bâtonnet), et les phases discotiques, dont les molécules sont en forme de disques. Les phases thermotropes peuvent être énantiotropes, c'est-à-dire qu'elles se forment lors du chauffage et du refroidissement, ou monotropes, c'est-à-dire qu'elles ne se forment que lors du refroidissement.

A nos jours une quantité importante de mésophases sont connues. Nous nous limiterons dans ce manuscrit à présenter les phases nématiques et smectiques dans le cas de cristaux liquides thermotropes.

I-1- Les cristaux liquides calamitiques

Les cristaux liquides calamitiques sont constitués de longues molécules, orientées parallèlement entre elles et ayant la possibilité de se déplacer, tout en restant toujours parallèles.

Il existe deux types de cristaux liquides calamitiques : les phases nématiques et les phases lamellaires ou smectiques.

Les groupes de symétrie de ces différentes phases sont présentés dans le tableau 1[6] :

Tableau 1 : Groupes de symétrie des mésophases nématique, smectique A et smectique C

Mésophase	Groupe ponctuel
Nématique	$D_{\infty h}$
Smectique A	$D_{\infty h}$
Smectique C	C_{2h}

I-1-1- La phase nématique :

La phase nématique est caractérisée par des molécules qui n'ont pas d'ordre positionnel mais qui tendent à s'orienter dans la même direction. La figure (1) nous montre que les molécules se présentent sans ordre particulier, elles s'orientent suivant une direction moyenne caractérisée par le vecteur $\vec{n}$. L'anisotropie et les propriétés physiques de ce cristal liquide varient avec le taux d'alignement suivant la direction privilégiée.

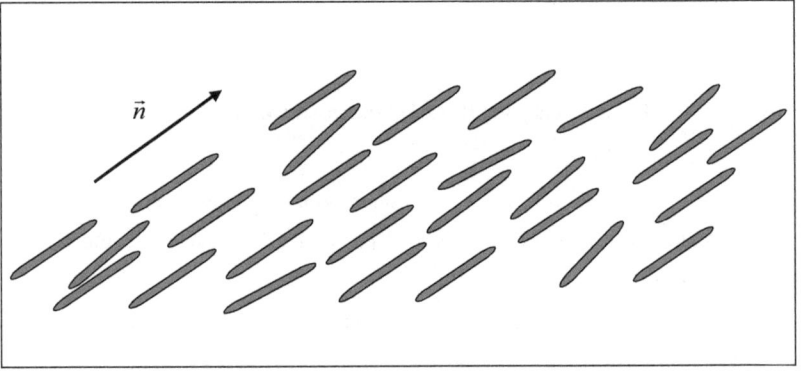

Figure 1 : Représentation schématique de la phase nématique.

La phase cholestérique :

C'est une phase nématique constituée de molécules chirales. Cette phase est formée par des couches de nématique qui sont décalées d'un angle α les unes par rapport aux autres et forment ainsi une hélice. Ce type de phase est obtenu pour des molécules optiquement actives (Figure 2). Ce système peut être décrit en deux dimensions.

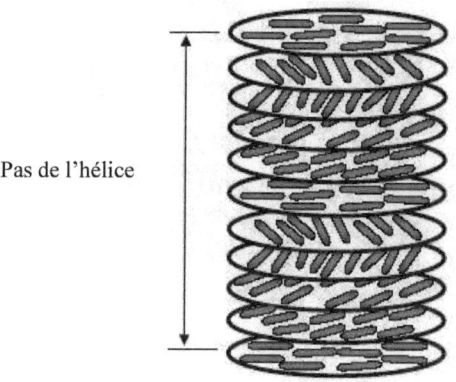

Pas de l'hélice

Figure 2 : Schéma de la phase cholestérique. (Figure prise de la référence [23]).

I-1-2- Les phases smectiques :

Ce sont des phases lamellaires ; les molécules orientées tendent à s'aligner dans des couches ou des plans séparés les unes des autres. Elles se distinguent de la phase nématique par un ordre de translation des molécules. Le mouvement des molécules est limité à l'intérieur de ces plans.

Dans la phase smectique, il existe plusieurs types qui sont identifiés par la direction d'orientation des molécules vis-à-vis du plan smectique (le plan qui contient les molécules). Dans la phase smectique A, l'orientation des molécules est suivant un axe directionnel ; les couches sont perpendiculaires à cet axe et les molécules sont orientées parallèlement à l'axe directeur. Elle est notée S$_A$. La phase smectique C, notée S$_C$, est composée de molécules qui forment également des couches mais qui ne sont pas parallèles à l'axe directeur et forment un angle avec ce dernier (Figure 3).

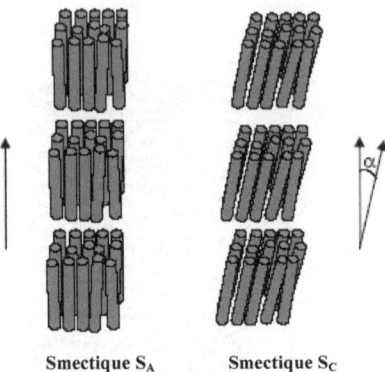

Smectique S$_A$ **Smectique S$_C$**

Figure 3 :Représentation schématique des phases smectique A et smectique C. (cette figure est prise dans la référence [23]).

La phase smectique C, comme la phase nématique, existe sous forme chirale, on la note (Sc*). Dans la cette phase [7,8], les molécules forment toujours des couches mais l'orientation des molécules fait un angle non nul lorsqu'on passe d'une couche à l'autre pour former une hélice (figure 4).

Pas de l'hélice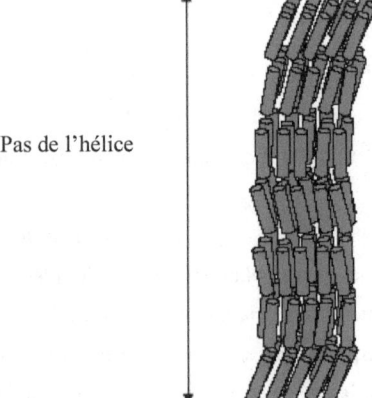

Figure 4 : Représentation schématique de la phase smectique C chirale. (Figure prise de la référence [23]).

I-2- Les cristaux liquides discotiques :

Les phases discotiques, ont été découverts en 1977 par S. Chandrasekhar et al. [1]. Les molécules de ces phases sont en forme de disques. Il existe deux types de cristaux liquides discotiques : la phase nématique discotique qui est la moins ordonnée et ne présente qu'un ordre orientationnel, sans ordre positionnel à longue portée, elle est notée (ND), et la phase colonnaire, notée (Col), où les molécules s'empilent sous forme de colonnes (Figure 5). Les colonnes sont ensuite assemblées entre elles pour former des réseaux bidimensionnels. Elles sont généralement classées suivant leur symétrie, l'orientation des disques par rapport à l'axe de la colonne et le degré d'ordre dans la colonne. Il existe plusieurs types de réseaux bidimensionnels : colonnaire rectangulaire (Cohr), colonnaire hexagonale (Cohh) et colonnaire oblique (Cohob).

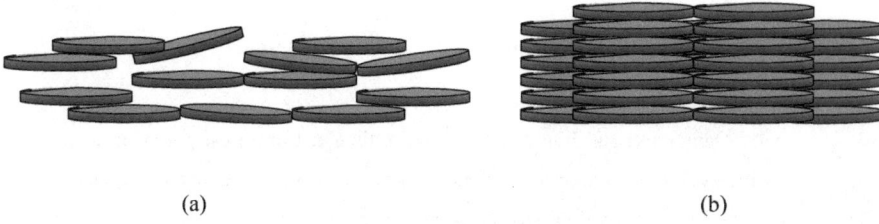

(a)   (b)

Figure 5 : Représentation schématique de la phase nématique discotique (a) et de la phase colonnaire discotique (b)

II- Propriétés des cristaux liquides nématiques :

La phase nématique est la plus simple des mésophases à l'ordre d'orientation. Elle apparaît le plus souvent la plus proche du liquide isotrope. Par conséquent, cette phase coule comme un liquide simple avec des viscosités macroscopiques voisines du poise [6]. La forme allongée des molécules, similaires à des bâtonnets, limite leurs mouvements de translation à un mouvement parallèle à l'orientation locale commune des molécules, qui définit le directeur $\vec{n}$. On peut donc associer l'existence de la phase nématique à des effets stériques qui contraignent les molécules à s'aligner [21]. En fait, la stabilité de la phase nématique est due au gain entropique qui correspond à une diminution de l'entropie associée à l'ordre résultant de cette phase [9,10]. En outre, il est important de préciser que dans la phase nématique les orientations suivant $\vec{n}$ et $-\vec{n}$ sont équivalentes : il n'existe pas donc de phase nématique ferroélectrique, comme Born l'avait envisagé pour décrire l'état nématique.

En fait, cette description reste très simplifiée dans la mesure où interviennent d'autres interactions entre les molécules, comme les interactions dipolaires par exemple. Dans les paragraphes qui suivent, nous traitons quelques propriétés des nématiques, à savoir la notion du paramètre d'ordre, l'ancrage, et les propriétés diélectrique et optiques.

II-1- Paramètre d'ordre :

Dans un cristal liquide nématique ordinaire, l'ordre est purement orientationnel. Les molécules ont un comportement collectif et l'ordre est, par conséquent, à longue distance. En effet, en l'absence de contrainte extérieure et de paroi, toutes les molécules ont, à l'équilibre, la même orientation moyenne, quelle que soit la taille de l'échantillon. La direction moyenne d'alignement des molécules est repérée par un vecteur unitaire $\vec{n}$ qui lui est parallèle, appelé directeur. On peut supposer donc que les molécules peuvent tourner librement autour de leur axe. En conséquence, ce milieu est optiquement uniaxe, d'axe optique parallèle au directeur $\vec{n}$.

Étant assimilée à un bâtonnet rigide, chaque molécule peut être repérée par un vecteur unitaire $\vec{a}$ qui lui est parallèle. Ses coordonnées, dans le référentiel de laboratoire (x,y,z) s'écrivent en fonction des angles polaires θ et φ :

$$\vec{a} = \begin{pmatrix} \sin\theta \cos\varphi \\ \sin\theta \sin\varphi \\ \cos\theta \end{pmatrix}$$

Choisissons l'axe z parallèlement à $\vec{n}$ (voir figure6)

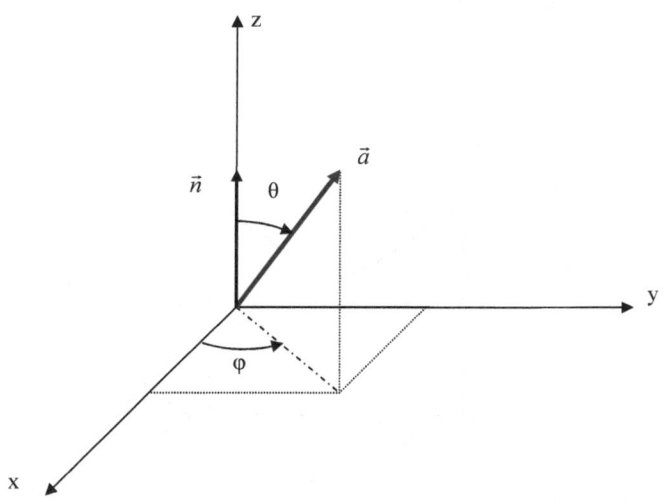

Figure 6 : Représentation du directeur $\vec{n}$ (parallèle à Oz) et du vecteur $\vec{a}$ associé la molécule du cristal liquide

On peut décrire l'état d'alignement des molécules par une fonction de distribution $f(\theta,\varphi)d\Omega$ donnant la probabilité de trouver la molécule dans un petit angle solide $d\Omega = \sin\theta.d\theta.d\varphi$ autour de la direction (θ,φ). A cause de la symétrie cylindrique autour de $\vec{n}$ (cristal liquide uniaxe), la distribution du directeur $\vec{n}$ est invariante par rotation autour de l'axe (Oz). Par conséquent, $f(\theta,\varphi)$ est indépendante de φ. De plus l'équivalence $\vec{n} \Leftrightarrow -\vec{n}$ impose que $f(\pi-\theta) = f(\theta)$. Cela revient à dire que la distribution angulaire des directeurs a un moment dipolaire moyen nul (dans un nématique le paramètre d'ordre est de type quadrupolaire).

Par ailleurs, la fonction de distribution $f(\theta)$ doit être correctement normée :

$$\int_{0}^{\pi} f(\theta).2\pi.\sin\theta.d\theta = 1$$

La figure 7 présente l'allure de $f(\theta)$.

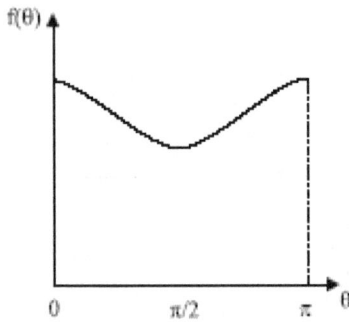

Figure 7 : Fonction de distribution angulaire du directeur.

Comme on l'a dit plus haut le moment dipolaire moyen est nul. Pour définir un paramètre d'ordre orientationnel, on doit donc choisir le moment quadrupolaire. Ainsi, on définit le paramètre d'ordre scalaire suivant :

$$Q = \frac{1}{2}\langle 3\cos^2\theta - 1 \rangle = \int_0^\pi \frac{1}{2}(3\cos^2\theta - 1)f(\theta)2\pi\sin\theta d\theta$$

Le degré d'alignement des molécules par rapport à l'axe (Oz) est repéré par Q.

En effet :

- Si l'alignement est parfait, (c'est le cas ou $f(\theta)$ est maximale autour de $\theta = 0$ et $\theta = \pi$), alors on obtient $Q=1$.

- Pour une distribution angulaire aléatoire, qui est le cas d'un liquide isotrope, $f(\theta)$ ne dépend pas de θ et $Q = 0$.

- Lorsque la fonction de distribution est fortement piquée autour de $\frac{\pi}{2}$, Q tend vers -1/2.

Il est à noter aussi que dans un nématique ordinaire, composé de molécules allongées, Q est toujours positif.

Q peut être considéré comme une fonction de position $\vec{r}$: $Q(\vec{r})$ définit le degré d'alignement des molécules dans un volume centré autour de la position $\vec{r}$. Or, le paramètre d'ordre doit contenir une combinaison d'ordre pair de $\vec{n}$ (puisque $\vec{n}$ et $-\vec{n}$ représentent des états physiquement équivalents). Par conséquent, le scalaire $Q(\vec{r})$ ne peut être le paramètre d'ordre d'un système anisotrope : Pour cela, on choisit comme paramètre d'ordre un tenseur d'ordre deux construit à partir du vecteur unitaire $\vec{n}$:

$$Q_{ij}(\vec{r}) = Q(\vec{r})(n_i n_j - \frac{1}{3}\delta_{ij})$$

Ce tenseur est symétrique et de trace nulle. $Q(\vec{r})$ est l'amplitude du paramètre d'ordre.

II- 2- Notion d'ancrage :

Il est connu que les champs d'application des afficheurs et des écrans ne cessent à progresser. Ces types d'applications optoélectroniques, dépendent fortement de la compréhension des phénomènes d'ancrage des cristaux liquides dans les cellules. Dans ce paragraphe on présentera la définition de l'ancrage et on parlera de ses différents types. Par la suite, on rappellera comment on peut définir une orientation du directeur au voisinage de la surface solide.

II-2-1- Définition de l'ancrage :

L'ancrage est le choix d'une ou de plusieurs directions particulières sur une surface ou une interface. On parle ainsi de directions d'ancrage. L'orientation du directeur des molécules par rapport à la surface correspond à un état d'énergie minimale par rapport à l'orientation du directeur des molécules. La direction d'ancrage est liée directement à la nature et à la phase du cristal liquide ainsi qu'à l'interface sous-jacente.

II-2-2- Types d'ancrage :

L'ancrage est dit monostable si une seule direction est choisie et multistable s'il en existe plusieurs. On parle d'ancrage dégénéré s'il existe une infinité de directions. D'un autre côté, l'ancrage est dit planaire si le directeur des molécules est parallèle à l'interface, homéotrope s'il est perpendiculaire à celle-ci et tilté sinon. Pour repérer un ancrage tilté, on définit l'angle azimutal φ repérant la projection du directeur sur le plan (x, y) et l'angle polaire θ entre le directeur et l'axe (Oz). Si l'ancrage est homéotrope, alors θ est nul, par contre, il vaut $\pi/2$ dans le cas d'un ancrage planaire. Il sera dit fort s'il fixe une fois pour toute l'orientation du directeur selon la direction d'ancrage et faible si le directeur s'écarte de cette direction d'ancrage par l'action d'un champ extérieur ou d'une autre interface qui impose un ancrage différent.

II-2-3- Orientation des molécules au voisinage d'une surface solide :

Si les méthodes de modification de surfaces et leur influence respective sur l'orientation des cristaux liquides sont bien connues, il n'en va pas de même pour les mécanismes sous-jacents régissant ces phénomènes d'ancrage. L'étude du phénomène d'ancrage nécessite de préciser les échelles de grandeur caractéristiques des différents phénomènes qui gèrent l'organisation du cristal liquide au voisinage d'une interface. Il convient alors de distinguer deux niveaux d'étude pour le phénomène d'ancrage ; une étude à l'échelle microscopique qui s'intéresse à l'organisation des molécules de cristal liquide au voisinage proche de la surface et une autre étude à l'échelle macroscopique prenant en compte le volume massif situé au dessous.

B. Jérome [11] propose que la surface solide induise en son voisinage immédiat une organisation spécifique des premières couches moléculaires. Ceci constitue une couche dite interfaciale d'épaisseur caractéristique ζ qui est comparable à la dimension moléculaire. Dans cette couche l'ordre du cristal liquide est perturbé : il est d'ailleurs parfois difficile de faire correspondre l'organisation dans cette couche interfaciale à celle d'une mésophase. Aucune phase de cristal liquide n'est donc attribuée. Au-delà de l'épaisseur ζ (figure 8) à partir de laquelle se développe une orientation typique du cristal liquide en volume. La surface sous-jacente impose l'orientation du directeur et on appelle « direction facile », la direction privilégiée de cette orientation.

Comme on l'a déjà signalé, l'ancrage sera dégénéré dans le cas d'une surface isotrope. Pour des raisons de symétrie, la direction facile sera donc repérée seulement par l'angle zénithal θ_f, appelé angle facile. On définit l'angle d'ancrage comme étant l'angle entre le directeur à la surface solide et la normale à cette même surface. En l'absence de toute contrainte (ce qui suppose que l'autre interface de l'échantillon est suffisamment éloignée et qu'il n'existe aucun champ de force s'exerçant sur le cristal liquide en volume), l'angle d'ancrage s'identifie à l'angle facile θ_f.

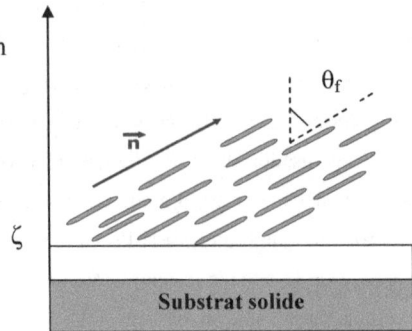

Figure 8 : Représentation schématique de la couche interfaciale d'épaisseur caractéristique ζ,. Au-delà de cette couche, une orientation particulière du directeur se manifeste : elle correspond à l'angle θ_f d'ancrage du nématique sur la surface solide considérée.

Récemment, J. B. Fournier et P.Galatola [12] ont affiné une description de l'ancrage dans le cadre d'une théorie de milieu continu. Ces auteurs définissent une longueur caractéristique notée Λ^{-1}, supérieure à ζ, sur laquelle le potentiel d'interaction microscopique entre le cristal liquide et le solide est moyenné. Ceci conduit à une renormalisation de l'énergie d'ancrage : celle-ci correspond à un « lissage » du potentiel d'interaction microscopique, d'autant plus efficace que la température est élevée. L'échelle caractéristique Λ^{-1} définit la dimension caractéristique du volume dans lequel l'orientation du cristal liquide peut être moyennée.

Conclusion :

On peut définir l'ancrage d'un nématique au voisinage d'une surface solide comme étant l'orientation du directeur imposée par cette même surface. Mais ceci ne peut être pris en évidence qu'après un lissage des grandeurs microscopiques. Les échelles caractéristiques sous-jacentes sont les suivantes : au contact de la surface solide, à l'échelle moléculaire, une couche interfaciale d'épaisseur caractéristique ζ est constituée. Dans cette couche, l'orientation des molécules est largement perturbée par la présence de la surface même. Au-delà de cette couche les molécules s'organisent d'une façon analogue à celle du liquide en volume, mais cette orientation est imposée par la surface solide. Malheureusement, la structure de la zone interfaciale (dont l'épaisseur varie entre la longueur d'une molécule et la longueur Λ^{-1}) reste très mal comprise. Ceci s'est manifesté surtout au niveau de l'organisation et de l'orientation des molécules du cristal liquide.

II-3- Propriétés diélectriques :

A la présence d'un champ électrique local, une molécule répond en se déformant et en changeant d'orientation. Cette réponse est envisagée dans tous les états de la matière : elle existe aussi bien dans les mésophases que dans un liquide isotrope ou un solide cristallin. Par contre, elle doit être plus forte dans une mésophase que dans un liquide isotrope à cause du comportement collectif des molécules.

II-3-1- Dipôle permanent et induit d'une molécule isolée :

Dans une molécule, un moment dipolaire est dû au déplacement permanent des électrons d'un atome à l'autre au niveau des liaisons intramoléculaires tel que $-C \equiv N$ ou $-CH = N-$ ...etc [13]. Certaines molécules mésogènes possèdent un moment dipolaire permanent. Les cyanobiphényles, qui sont très utilisés dans les afficheurs, font partie de ces mésogènes. Ils sont caractérisés par le groupe cyano $-C \equiv N$ qui possède un moment dipolaire de grande amplitude. Ce groupe est attaché au bout du corps rigide constitué par le groupe biphényle. De ce fait, le moment dipolaire est dirigé dans le sens de la longueur de la molécule (exemple la molécule cyano-octyloxybiphenyl (8OCB).

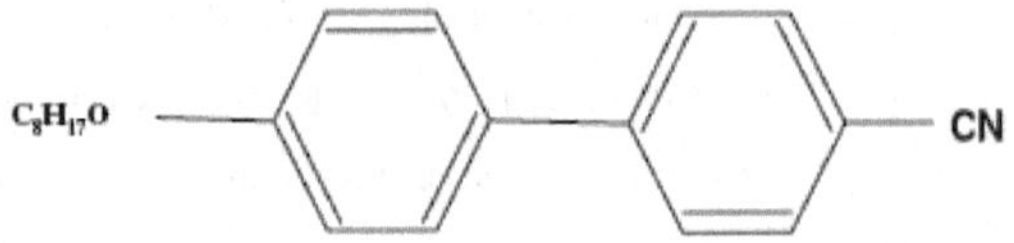

Figure 9 : Structure moléculaire du cyano-octyloxybiphenyl (8OCB)

Rôle de la symétrie moléculaire :

Il est connu que les molécules disposent d'un ensemble d'états et de configurations qu'elles explorent dans le cas des fluctuations thermiques. D'un autre coté, la structure intramoléculaire et les interactions intermoléculaires influencent les énergies des états disponibles des molécules. Par conséquent, la valeur moyenne du moment dipolaire et son orientation seront fonction de la symétrie de la molécule elle-même et de la symétrie du système dont elle fait partie. Citons l'exemple d'une molécule isolée et possédant une symétrie miroir. Dans ce cas, où les états accessibles sont regroupés par paires puisque deux états symétriques ont la même énergie, le moment dipolaire doit être parallèle au plan miroir. Par contre, si cette molécule a en plus un axe de symétrie d'ordre 2 qui est perpendiculaire au plan miroir, son moment dipolaire doit s'annuler.

L'application d'un champ électrique externe sur la molécule est à l'origine de l'apparition d'un dipôle supplémentaire qui est dû à la déformation de la distribution de charges dans la molécule : c'est le moment dipolaire induit. Ce moment dépend du champ électrique et peut être écrit suite à un développement en série de puissances sous la forme suivante :

$$p_i = a_{ij}E_j + b_{ijk}E_jE_k + c_{ijkl}E_jE_kE_l + ...$$

où a_{ij} est le tenseur des polarisabilités moléculaires linéaires, alors que les deux autres termes correspondent aux polarisabilités moléculaires non linéaires.

II-3-2- Flexoélectricité de la phase nématique :

Soit un système de molécules nématiques possédant chacune un dipôle permanent. Ces dipôles n'impliquent pas nécessairement l'existence d'une polarisation spontanée définie par :

$$\vec{P} = N\left\langle \vec{p}(\vec{E} = \vec{0}) \right\rangle$$

où N est le nombre de molécules par unité de volume et $\vec{p}(\vec{E} = \vec{0})$ le moment dipolaire en champ nul.

La symétrie D$_{\infty h}$ de la phase nématique uniaxe non distordue est un exemple tel que la polarisation spontanée macroscopique doit être nulle (figure 10). Cependant, en présence d'une distorsion qui brise cette symétrie, une polarisation peut apparaître. On peut conclure alors que dans les nématiques, une distorsion peut induire une polarisation macroscopique : C'est le phénomène de la flexo-électricité découvert par R. B. Meyer [14]. Inversement, une distorsion peut apparaître dans un nématique soumis à un champ électrique.

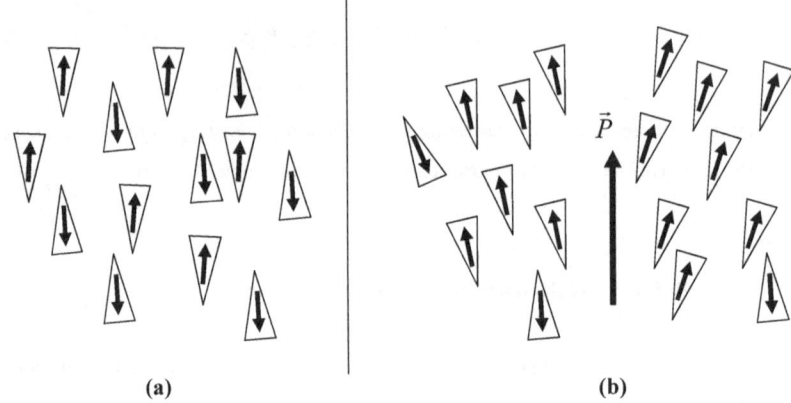

(a)   **(b)**

Figure10 : Flexo-électricité :   (a) sans distorsion le moment dipolaire moyen est nul, (b) En présence d'une distorsion en éventail, un plus grand nombre de molécules ont la tête en haut ; il en résulte une polarisation macroscopique $\vec{P}$.

II-3-3- Permittivité diélectrique :

La méthode la plus classique pour la polarisation de la phase nématique, consiste à placer le cristal liquide entre les électrodes d'un condensateur et de lui appliquer une différence de potentiel électrique. Le champ électrique à l'intérieur de ce condensateur agit sur le milieu en orientant les dipôles permanents dans sa propre direction et en induisant la polarisation $\vec{P}$ des molécules :

$$\vec{P} = \chi\varepsilon_0\vec{E}$$

où χ est la susceptibilité diélectrique du milieu supposé pour l'instant isotrope. Le champ $\vec{E}$ est créé par la densité de charges σ sur les électrodes. Ces charges proviennent en partie de la source utilisée, et de la polarisation du milieu :

$$E = \frac{\sigma_{ext} - \sigma_{pol}}{\varepsilon_0}$$

avec $\sigma_{ext} = \varepsilon_0 E_0$ et $\sigma_{pol} = P = \chi \varepsilon_0 E$

On peut écrire donc :

$$E = \frac{E_0}{1+\chi} = \frac{E_0}{\varepsilon}$$

avec $\varepsilon = 1 + \chi$ est la constante diélectrique du milieu (à charge σ_{ext} constante, le diélectrique diminue le champ électrique d'un facteur ε).

Dans le cas d'un milieu anisotrope, la permittivité électrique est un tenseur qui s'écrit sous la forme : $\varepsilon = I + \chi$ où I est le tenseur unité et χ est le tenseur susceptibilité électrique.

La polarisation par unité de volume sera alors de la forme $\vec{P} = \varepsilon_0(\varepsilon - I).\vec{E}$ [15].

Si les molécules du matériau sont non polaires, alors on a une polarisation électronique induite et une autre ionique. Par contre, dans le cas où les molécules sont polaires, il s'ajoute une polarisation d'orientation. Cette polarisation est due à la tendance des dipôles électrique permanents à s'orienter parallèlement au champ électrique appliqué. La contribution de ce phénomène dans la permittivité diélectrique est importante.

En considérant un cristal liquide uniaxe et en utilisant un système de coordonnées macroscopique (x, y, z) tel que l'axe des z soit parallèle au directeur $\vec{n}$, les principaux éléments de ε seront :

$$\varepsilon_{//} = \varepsilon_{zz} \text{ et } \varepsilon_\perp = \frac{1}{2}(\varepsilon_{xx} + \varepsilon_{yy}).$$

La valeur de la constante diélectrique diffère donc selon que la direction soit parallèle ou perpendiculaire au directeur $\vec{n}$.

A cause de la nature anisotropique du cristal liquide la constante diélectrique est un tenseur de la forme :

$$\varepsilon = \begin{pmatrix} \varepsilon_\perp & 0 & 0 \\ 0 & \varepsilon_\perp & 0 \\ 0 & 0 & \varepsilon_{//} \end{pmatrix}$$

L'anisotropie diélectrique est définie par : $\Delta\varepsilon = \varepsilon_{//} - \varepsilon_{\perp}$.

Si on applique un champ électrique, les molécules d'un matériau d'anisotropie diélectrique positive ($\Delta\varepsilon>0$) tendent à s'orienter dans la direction du champ. Par contre si l'anisotropie du matériau est négative ($\Delta\varepsilon<0$), les molécules s'alignent perpendiculairement au champ électrique. En pratique, les deux types de matériaux sont utilisés dans des applications optoélectroniques [16]. Les valeurs de $\Delta\varepsilon$ se trouvent dans les gammes allant de -0.8 à -6 et de 2 à 20 suivant qu'elles sont négatives où positives [17].

II-4- Propriétés optiques [13] :

Les cristaux liquides possèdent des propriétés optiques très intéressantes. En effet, le fait de pouvoir faire tourner le plan de polarisation de la lumière ou de réfléchir une longueur d'onde différemment selon les influences extérieures alloue à ces matériaux une grande diversité d'applications.

Dans un flacon en verre, le cristal liquide apparaît souvent comme un fluide opaque. Dans cet état, la diffusion de la lumière est due aux fluctuations aléatoires de l'indice de réfraction de l'échantillon. Par contre, si le cristal liquide est introduit entre deux substrats formant ainsi une plaque uniforme, alors il y aura une symétrie optique uniaxiale avec deux indices de réfraction.

La phase nématique non distordue est optiquement biréfringente et uniaxe. La double réfraction d'un faisceau laser dépolarisé sur un prisme nématique est une bonne illustration expérimentale de la biréfringence : En fait, le prisme est une cuve en forme de coin remplie de nématique (voir figure 11). Les parois de la cuve sont traitées par frottement pour orienter les molécules du cristal liquide parallèlement à l'arête du prisme. A la sortie du prisme, on trouve deux faisceaux réfractés : un polarisé linéairement dans la direction orthogonale au plan de réfraction, l'autre est polarisé aussi linéairement mais dans le plan de réfraction. Le premier correspond au rayon ordinaire. Il est polarisé perpendiculairement au directeur et l'indice de réfraction correspondant est n_0 tel que $\dfrac{1}{n_0^{\,2}} = \dfrac{1}{\varepsilon_\perp}$

Le second correspond au rayon extraordinaire. Il est polarisé dans le plan formé par le vecteur d'onde $\vec{k}$ et le directeur $\vec{n}$ (Voir figure 12). Son indice de réfraction n_{eff} dépend de l'angle θ entre $\vec{k}$ et $\vec{n}$ et varie entre n_e et n_0 tel que

$$\dfrac{1}{n^2_{\,eff}} = \dfrac{\sin^2\theta}{n^2_{\,e}} + \dfrac{\cos^2\theta}{n^2_{\,0}} \qquad \text{avec} \qquad \dfrac{1}{n_e^{\,2}} = \dfrac{1}{\varepsilon_{//}}.$$

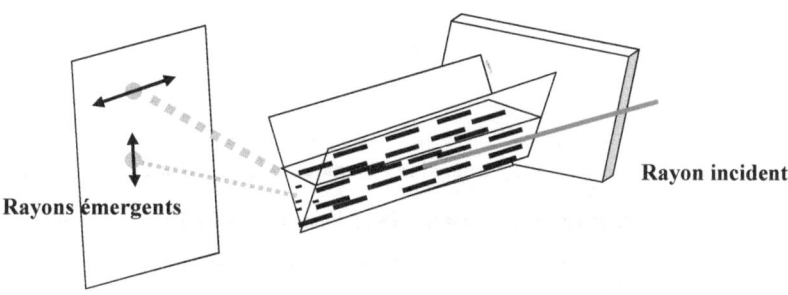

Rayon incident

Rayons émergents

Figure 11 : Mise en évidence de la biréfringence de la phase nématique ; deux faisceaux émergent du prisme. Ils sont polarisés linéairement à 90° l'un de l'autre

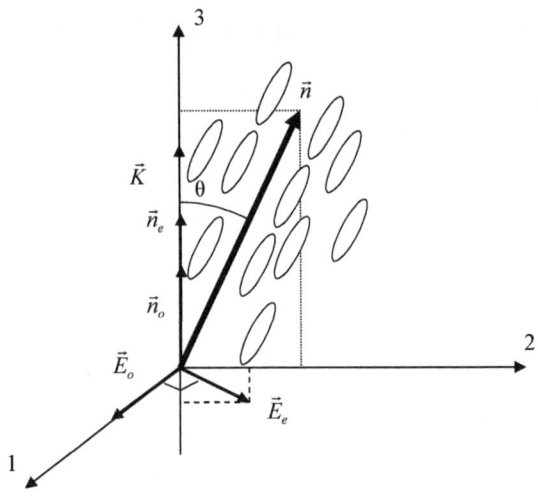

Figure 12 : $\vec{n}$ est le directeur des molécules du nématique, les normes de $\vec{n}_o$ et $\vec{n}_e$

(parallèles au vecteur d'onde $\vec{K}$) donnent respectivement les indices de réfraction

ordinaire et extraordinaire.

La biréfringence est définie par :

$$\Delta n = n_e - n_o .$$

Si $\Delta n \succ 0$ alors on dit que le cristal liquide est biréfringent positif. Il est dit biréfringent négatif si $\Delta n \prec 0$. La plupart des molécules en forme de bâtonnet, ont une biréfringence positive de valeur allant de 0.04 et 0.45 [18,19].

L'indice de réfraction ordinaire des cristaux liquides est environ 1.5.

III- Application des cristaux liquides :

III-1- Dans les afficheurs :

Pour l'affichage, on utilise des cristaux liquides purs ou en mélange possédant des propriétés électro-optiques et thermophysiques favorables. A savoir :

- Une large gamme de température de fonctionnement en phase cristal liquide.
- Une bonne aptitude à être orientés par un champ électrique.
- Une forte différence entre les deux indices de réfraction quand la phase est biréfringente.

III-1-1- Les LCD (Liquid crystal display) : afficheurs à cristaux liquides.

« Enfin abordables, les écrans plats à cristaux liquides (LCD) chassent progressivement les vieux moniteurs à tube de la surface des bureaux. Ils sont bien plus esthétiques et plus pratiques ; mais ce n'est encore pas la panacée ».

« Aujourd'hui, les LCD s'imposent partout, dans l'informatique comme dans l'électronique de loisir, jusque dans les téléviseurs. Il faut dire qu'ils cumulent les atouts : légers, compacts et esthétiques, ils sont quatre fois moins gourmands en électricité que leurs homologues à tubes et n'interfèrent pas avec les équipements audio, car ils ne génèrent pas de champ magnétique. Qui plus est, leurs prix ne cessent de chuter». [20].

Vincent Alzieu et Eric Larcher

Dans les afficheurs, les cristaux liquides utilisés sont constitués de molécules en forme de bâtonnets allongés. Leur arrangement est sensible à la présence de parois et à l'application d'un champ électrique. En effet en l'absence de paroi ou de champ extérieur, toutes les directions de l'espace seraient équivalentes. Le traitement d'une façon étudiée des parois permet d'orienter uniformément les molécules suivant une direction cherchée. Dans la plupart des applications commerciales, les cellules à cristaux liquides, dans les cas les plus simples, seront torsadées. Dans l'affichage, on joue alors sur l'antagonisme entre l'effet des parois et celui d'un champ électrique et cela ne coûterait aucune énergie de changer en bloc l'orientation des molécules. Lorsque le champ atteint un certain seuil, il fait basculer l'orientation des molécules.

Contrairement aux diodes électroluminescentes, les afficheurs à cristaux liquides ne produisent pas de la lumière. En effet les chiffres apparaissent en foncé sur fond clair, à condition de les observer sous un éclairage ambiant.

Principe de fonctionnement :

La base du fonctionnement des écrans à cristaux liquides est le changement d'état optique en présence d'un champ électrique. Son principe consiste à faire varier la transparence d'un milieu qui semble s'opacifier ou au contraire s'éclaircir selon le champ électrique et par conséquent la tension qui le commande. Ce milieu est constitué de cristal liquide qui remplit un espace d'épaisseur environ 10 μm limité par deux lames de verre métallisées formant des électrodes. L'effet nématique torsadé est utilisé dans presque tous les écrans LCD actuels.

Voici son principe (figure 13) :

- Deux surfaces de verre sont recouvertes d'un film conducteur pour créer une différence de potentiel.

- On dépose sur le film conducteur une couche de polymère ou de polyimide, afin d'orienter les molécules et les brosser suivant une certaine direction.

- On introduit entre les deux surfaces un cristal liquide nématique à anisotropie diélectrique positive ($\Delta\varepsilon > 0$). On obtient donc un nématique dont l'orientation des molécules tourne d'un quart de tour (90°) entre l'électrode du haut et celle du bas (schéma13a).

- On accole un polariseur à l'extérieur de chaque surface de verre, puis on fait tourner la plaque inférieure de 90° afin que le polariseur et l'analyseur soient placés perpendiculairement. Dans ce cas, le polariseur et l'analyseur sont croisés, et la lumière ne peut traverser l'analyseur ; pour qu'elle puisse le faire, il faudrait après son passage dans le polariseur que son plan de vibration tourne de 90° avant d'atteindre l'analyseur. Le rôle et la propriété caractéristique des cristaux liquides est justement d'assurer cette rotation de manière spontanée. La lumière polarisée qui traverse le cristal liquide pris en sandwich est donc guidée par ces molécules et ne sera pas arrêtée par le couple polariseur-analyseur puisque le vecteur lumineux associé subit une rotation de 90°. Cette situation réalise le BLANC : la cellule est allumée.

- Lorsque l'on applique un champ électrique entre les électrodes, les molécules s'alignent progressivement suivant la direction du champ (schéma b). La lumière n'est plus déviée par les molécules, elle est donc stoppée par l'analyseur. La cellule est éteinte.

- Si on coupe le champ électrique, la structure en hélice des molécules se reforme, et la cellule se rallume.

On peut, en segmentant les électrodes d'une manière précise, et en les commandant électriquement de façon individuelle, former des caractères ou des chiffres. Chaque segment de l'image est appelé pixel.

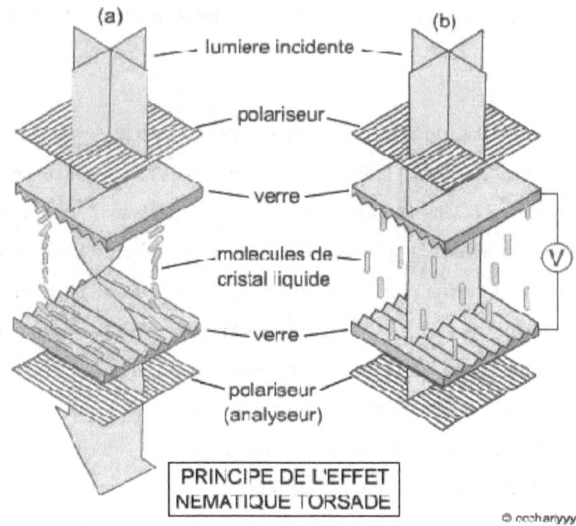

Figure 13 : Principe de fonctionnement d'un afficheur à cristaux liquides

Avantages :

Les écrans LCD ont plusieurs avantages. Ils consomment une très faible énergie de commande (inférieure de 60% de celle des écrans à tubes cathodiques) sans dégagement de chaleur. Cette absence de rayonnement entraîne une suppression des interférences avec des appareils émettant des rayonnements électromagnétiques. De plus, ils permettent de créer des écrans moins encombrants ou miniaturisés. La grande durée de vie représente aussi une des principaux atouts des écrans LCD.

Inconvénients :

En dépit de ses évidents succès, les écrans LCD souffrent de certains défauts. D'une part, au niveau des problèmes optiques, il faut signaler que la réponse du cristal liquide est lente. Ceci est dû au fait que la restauration de la direction initiale, après coupure du champ électrique, est un processus diffusif partant des surfaces. Ce problème peut être résolu par l'utilisation de films d'épaisseur micronique ou submicronique, mais ceci coûte très cher si les écrans sont grands. L'utilisation de cristaux liquides ferroélectriques ou antiferroélectriques, où les charges électriques sont disposées de manière ordonnée, est l'une des solutions. Les réponses sont plus rapides, mais la nécessité d'utiliser des systèmes d'épaisseur micronique demeure. Le problème réside dans la maîtrise des traitements de surfaces, dont la technologie et la compréhension fondamentale progressent.

Il faut regretter aussi un manque de luminosité et d'uniformité, un contraste limité, des couleurs douteuses et un angle de vision trop faible.

D'autre part, Au niveau de la fabrication, la mise en œuvre de cette technologie est lourde, ce qui cause un faible rendement de production. De plus, l'assemblage des différents composants est très sensible aux poussières, il faut donc disposer d'usines extrêmement propres.

Il ne faut pas oublier aussi la sensibilité de ces écrans à la température vue que la gamme de température de la phase cristal liquide est limitée.

III-1-2- Les PDLC (Polymer Dispersed Liquid Crystals) [27][28]:

La majeure partie des applications des cristaux liquides concerne l'électronique mais, en incluant des cristaux liquides dans un film de polymère, il est possible aussi de fabriquer des écrans souples, dont la taille pourrait être assez grande pour l'affichage dans les lieux publics, ou qui pourraient permettre la production de vitres ou parois à transmission variable.

Les PDLC (*Polymer Dispersed Liquid Crystals*) sont des cristaux liquides dispersés dans une matrice polymérique. Il est fabriqué, en mélangeant un monomère, un photoamorceur de polymérisation, et un cristal liquide. L'étape suivante est la polymérisation à froid ; ceci est effectué par irradiation du mélange. Par conséquent, le cristal liquide (qui était dissous initialement dans le monomère) est rejeté par la matrice de polymère et forme de multiples inclusions ellipsoïdales dans la matrice. Ce processus exige de bien formuler le mélange initial et les conditions de polymérisation qui réalisent, d'une part, une bonne séparation des phases lors de l'irradiation, et une bonne répartition des gouttelettes de cristal liquide, ainsi qu'une bonne stabilité dans le temps d'autre part.

Le fonctionnement de la cellule du PDLC repose sur le fait que le cristal liquide est biréfringent. L'existence d'un polymère transparent dont l'indice optique est très proche de l'indice minimal du cristal liquide est exigée.

Dans la figure 14a les inclusions nématiques dans les gouttelettes possèdent des orientations aléatoires, et le cristal liquide présente à la lumière un indice moyen, qui se situe entre les valeurs de son indice ordinaire et de son indice extraordinaire. L'ensemble se comporte alors comme du papier calque, puisque les inclusions n'ont pas le même indice que la matrice polymérique : la cellule disperse donc la lumière.

Pour aligner les phases nématiques, il suffit alors d'appliquer un champ électrique suffisant perpendiculairement au plan de la cellule, et les gouttelettes présentent à la lumière incidente un indice très proche de celui de la matrice polymérique. La lumière traverse alors la cellule directement, à peu près comme si celle-ci était faite d'un seul matériau transparent (voir la partie *b* de la figure 14).

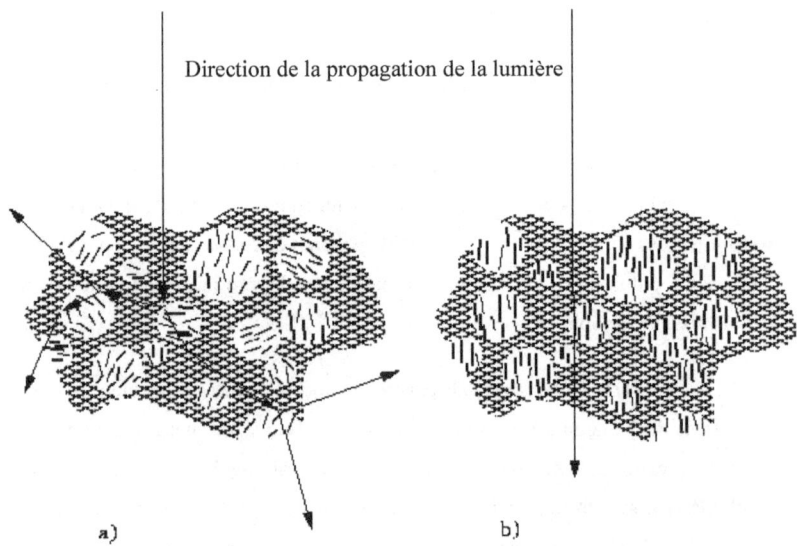

Figure14 [29] : Schéma d'un fragment de PDLC : a) quand les gouttelettes nématiques ne sont pas alignées avec la direction de propagation de la lumière, cette dernière rencontre sur son chemin plusieurs indices différents, ce qui la disperse; b) quand un champ électrique aligne les directions des nématiques, la lumière peut traverser le PDLC sans être déviée.

En utilisant une lumière bien dirigée, il est possible d'obtenir de bons contrastes : elle se distingue beaucoup de la lumière dispersée. En effet, comme elle laisse passer une lumière non polarisée sans rien y retrancher, la cellule à PDLC ne divise pas par deux la lumière incidente comme le font les afficheurs plus traditionnels.

Une cellule à PDLC possède plusieurs avantages : elle utilise moins de cristaux liquides, son contenu ne peut pas couler, et elle ne nécessite pas de polariser la lumière

III-2-Autres applications des cristaux liquides :

Comme nous l'avons vu précédemment, les cristaux liquides possèdent des propriétés spectaculaires. L'application la plus courante et la plus utilisée est effectivement l'écran LCD, mais les cristaux liquides ont su s'imposer dans de nombreux autres domaines tels que la médecine, le cinéma et bien d'autres encore.

Nous présentons ici autant d'applications connues du grand public que des applications encore connues que du côté des chercheurs.

Les cristaux liquides cholestériques, détecteurs de température :

Les cristaux liquides cholestériques peuvent réaliser des thermomètres. En effet, on sait d'une part que la longueur du pas de l'hélice est très sensible aux variations de la température. D'autre part et d'après la relation de Bragg, si on éclaire le cristal liquide avec une lumière, les molécules renvoient une longueur d'onde de lumière définie en fonction de la longueur du pas de l'hélice formée par ces molécules et de l'angle d'incidence de la lumière. Par conséquent, La substance à cristaux liquides ne renverra que la lumière de couleur caractérisée par lambda, selon la température.

En pratique, ce type de thermomètre est plus utilisé pour mesurer la température des vins, d'aquariums ou de tout corps dont la température doit être relevée en permanence.

De point de vue qualité, ces systèmes sont considérés comme peu fiables car trop sensibles aux influences extérieures et de plus, ne peuvent donner des températures plus précises que de l'ordre du dixième de degré. Dans ce domaine, les thermomètres digitaux sont bien plus fiables et précis.

La médecine et les cristaux liquides :

Les cristaux liquides sont capables de transformer les rayons infrarouges émis par la chaleur corporelle en couleurs visibles ; on dit qu'ils réalisent une vraie " carte de températures "du corps. Ce système peut ainsi détecter des tumeurs, qui ont une température élevées, ou de visualiser le parcours du sang lorsque l'organisme est soumis à des conditions extrêmes.

Les applications dans l'industrie :

Les films minces de cristaux liquides peuvent être appliqués sur un circuit électronique ou sur un métal. Ils permettent d'en visualiser les défauts :"points chaud" pour les circuits électroniques ou vice de conductivité thermique pour un métal). Dans ces cas, les cristaux liquides sont très efficaces pour des températures élevées, car les influences extérieures sont alors négligeables.

D'autre part les cristaux liquides sont utilisés de manière un peu plus restreinte dans la fabrication de tissus, de peintures ou d'encre qui changent de couleur en fonction de la température environnante.

BIBLIOGRAPHIE

[1] Reinitzer F. *Monatsh. Chem.*, **9**, (1889) 421.

[2] Y. Boulignand,communication privée.

[3] F.Reinitzer, « contributions to the knowledge of cholesterol » Liq.Crys, **5**, (1889).

[4] George friedel. « Etats mésomorphes de la matière », Annales de Physique,**18**, (1922) 273.

[5] Lehmann O. *Z. Phys. Chem.*, **4**, (1889) 462.

[6] Thèse de doctorat de Julien Da sylva « Effet de l'ancrage sur les propriétés d'un cristal liquide antiferroélectrique confiné en cellule mince » université de Picardi Jules Verne » (2004).

[7] Goodby J. W. *J. Mater. Chem.*, **1**, (1991) 307.

[8] Lemieux R. P. *Acc. Chem. Res*, **34**, (2001) 845.

[9] T. C. Lubensky. *Soft Condensed Matter Physics*. John Wiley, New York, (1996).

[10] P. G. de Gennes et J. Prost. *The Physics of Liquid Crystal*, Clarendon Press, Oxford, (1993).

[11] B. Jérome. *Rep. Prog. Phys.*, **54**, (1991) 391.

[12] J. B. Fournier et P. Galatola. Phys. Rev. Lett., **82** (1999) 4895.

[13] P. Oswald et P. Pieransky. « Les cristaux liquides, Concepts et propriétés physiques illustrés par des expériences ». Gordon and Breach Science Publishers (2000).

[14] Meyer B., Phys. Rev. Lett., **22**, (1969) 918.

[15] W. H. De Jeu. "Physical properties of liquid crystalline materials". Gordon and Breach Science Publishers (1979).

[16] Thèse de doctorat, Goran Stojmenovik "Ion Transport and Boundary Image Retention in Nematic Liquid Crystal Displays", Faculteit Toegepaste Wetenschappen Academiejaar

[17] E. Lueder, "Liquid Crystal Displays. Addressing Schemes and Electro-optical effects", John Wiley & Sons, New York, (2001).

[18] E. Lueder, "Liquid Crystal Displays. Addressing Schemes and Electro-optical effects", John Wiley & Sons, New York, (2001).

[19] P. Yeh, C. Gu, "Optics of Liquid Crystal Displays", John Wiley& Sons, New York, (1999).

[20] Vincent Alzieu et Eric Larcher. L'Ordinateur Individuel. Commentaires@01net.fr.

[21] François Vandenbrouck. Thèse de Doctorat de l'université de Paris VI. « Films minces des cristaux liquides » (2001).

[22] H. Kelker, Mol. Cryst. Liq. Crys. 21, 1, (1973).

[23] Julie Brettar, Thèse de doctorat és science « La chiralité planaire du ferrocène : un nouveau concept pour l'élaboration de matériaux mésomorphes optiquement actifs » Université Louis Pasteur de Strasbourg (2004).

[24] Eliot Fried† and Russell E. Todres, PNAS, vol. **98**, no. 26 (2001), 147.

[25] Oseen W C. *Trans Faraday Soc,* **29**, (1933), 883.

[26] Zöcher H. *Trans Faraday Soc.*, **29,** (1933), 945.

[27] Thèse de doctorat de Haixia Wu *"Anchoring Behavior of Chiral Liquid Crystal at Polymer Surface: In Polymer Dispersed Chiral Liquid Crystal Films"* Georgia Institute of Technology (2004).

[28] Thèse de doctorat de Frédéric DUBOIS *« Elaboration et caractérisations électro-optique etdiélectrique de composites à cristaux liquidesferroélectriques dispersés dans une matrice polymère »* Université du Littoral-Cote d'Oppal, (2004).

[29] http://perso.netinfo.fr/gekhajofour/dunk/node24.html

CHAPITRE 2

CHAPITRE II

OPTIMISATION DES CONDITIONS DE NETTOYAGE DU SUBSTRAT : L'OXYDE D'INDIUM ET D'ÉTAIN (ITO)

Introduction :

Ce chapitre est consacré à la présentation d'une étude expérimentale effectuée sur le substrat formé d'une plaque de verre couverte d'une couche d'oxyde d'indium et d'étain (ITO; Indium Tin Oxide), utilisée comme électrode dans les cellules d'affichage à cristaux liquides. Plusieurs travaux par différents auteurs se sont intéressés au nettoyage des surfaces d'ITO [1] [2]. Ces traitements sont de plus en plus perfectionnés pour une meilleure amélioration du rendement des diodes à effet de champ, pour les cellules solaires et bien d'autres applications des électrodes en ITO[3][4][5]. Pour les afficheurs à cristaux liquides, les protocoles de nettoyage et de traitement de surface sont souvent des recettes internes de laboratoires non publiées. Nous essayons dans ce travail de décrire une méthode qu'on utilise pour nos cellules à cristaux liquides et qui semble donner de bons résultats surtout pour les propriétés électriques. Après une description de l'ITO et de ses caractéristiques, nous présentons en détails une étude systématique de l'optimisation des conditions de nettoyage de la surface de cette couche. L'objectif est de trouver un protocole de nettoyage adéquat à la construction des cellules d'affichage. Pour cela nous avons cherché l'effet du nettoyage, d'une part sur l'état de surface de l'ITO, en particulier, sur le caractère hydrophyle-hydrophobe et l'énergie de surface de l'ITO, et d'autre part sur les propriétés diélectriques des cellules à cristaux liquides.

I- Oxyde d'Indium dopé à l'Etain (ITO : Indium Tin Oxide)

I-1- Structure

Couramment appelé ITO (Indium Tin Oxide), l'oxyde d'indium et d'étain est un mélange de deux oxydes In_2O_3 (environ 91 %) et SnO_2 (environ 9 %) [6]. L'oxyde d'indium (In_2O_3) massif est un solide cristallin de couleur jaune. Cet oxyde présente généralement un défaut de stoechiométrie dû aux différents états de valence possibles de l'indium. L'ITO est donc un oxyde non stoechiométrique dont la formule est $In_{2-x}Sn_xO_{3\pm\delta}$; il s'agit d'un oxyde d'indium dopé à l'étain.

Les lacunes d'oxygène de l'oxyde d'indium et l'étain en position substitutionnelle sont à l'origine de l'existence d'électrons libres [7]. Ces porteurs de charge permettent la conductivité électrique.

L'ITO est très utilisé comme électrode d'injection de trous dans les dispositifs électroluminescents en raison de sa conductivité élevée [8] et de sa bonne transparence dans le domaine du visible (T>80 % pour des épaisseurs de l'ordre de 100 nm). Dans les paragraphes qui suivent, nous présentons les propriétés électriques et optiques de l'ITO ainsi que l'effet de l'épaisseur de cette couche sur ses caractéristiques.

I-2- Propriétés électriques :

C'est un semi-conducteur dégénéré de type n à bande interdite large (3.3- 4.3 eV) [9] qui assure une bonne transparence sur toute l'étendue du spectre visible. La dégénérescence est causée à la fois par les lacunes d'oxygène et par le dopage en étain [10]. Les structures des bandes d'énergie de l'oxyde d'indium non dopé et dopé à l'étain sont représentées dans la figure 1. L'effet du dopage est clair ; une diminution de la bande interdite due à l'augmentation de la densité des porteurs de charge (entraînant l'apparition de nouveaux niveaux dans cette bande, ce qui élève le niveau de Fermi à l'intérieur de la bande de conduction). La concentration des porteurs de charges est comprise entre 10^{20} et 10^{21} cm^{-3} conduisant à une longueur d'onde de plasma au dessus de 1μm [11] et à une faible résistivité électrique ($\rho \approx 10^{-4}$ $\Omega.cm$) [12]. La conductivité électrique σ ($\sigma = Ne\mu$) dépend de la concentration N des porteurs libres et de leur mobilité μ, e étant la charge de l'électron ; la valeur de σ est comprise entre 10 et 10^{3} S/cm. La morphologie des couches d'ITO (taille des grains cristallins) peut avoir un effet sur la conductivité. Le travail de sortie de l'ITO dépend du mode de dépôt et du traitement de surface, il varie généralement entre 4.7 et 5.2 eV.

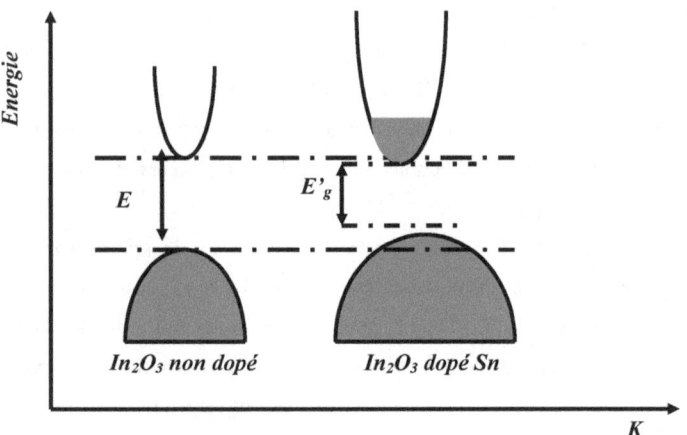

Figure 1 *:* Structure de bandes parabolique de In₂O₃ non dopé et effet du dopage par l'étain.

I-3- Propriétés optiques :

L'ITO présente une forte absorption optique dans le proche ultra-violet (UV) et le proche infrarouge jusqu'à l'infrarouge lointain. La position de la bande d'absorption intense observée dans l'UV est liée à l'absorption dans la bande interdite de l'ITO. Le front d'absorption dans le proche infrarouge présente une longueur d'onde de coupure qui dépend de la concentration d'électrons libres. Pour les ITO courants, cette longueur d'onde est typiquement de 1 µm. De ce fait, un accroissement du dopage en étain cause une augmentation de la réflectance [12] et parallèlement une diminution de la transmission dans l'infrarouge. La transmission de l'ITO est donc importante dans la gamme $0,2<\lambda<8\mu m$; elle est supérieure à 85% pour des épaisseurs de l'ordre de 100 nm. Entre 400 et 1000 nm, il existe un domaine de transparence qui constitue la fenêtre utile pour les dispositifs de visualisation. Un spectre d'absorption typique d'ITO utilisés dans les écrans plats est représenté dans la figure 2.

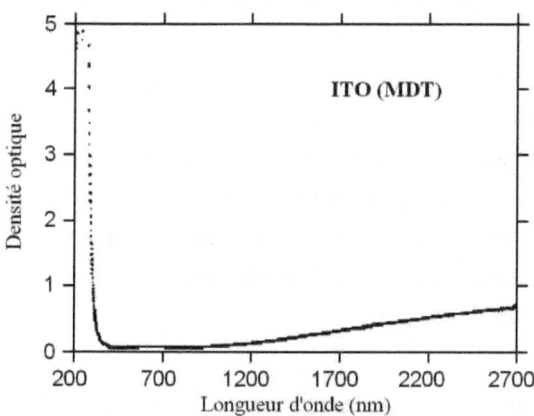

Figure 2 : Spectre d'absorption des ITO fournis par « Merck Display Technology » [13]

I-4- Dépôt sur polymère ou sur substrat souple :

Les couches minces d'ITO sont généralement déposées sur des substrats de verre. Les conditions habituelles de dépôt qui nécessitent de hautes températures requièrent des substrats thermiquement stables. Néanmoins, de nombreuses applications comme les LCDs et les OLEDs pour les écrans plats, ont besoin d'ITO sur substrats organiques. Les substrats organiques ne peuvent pas supporter de hautes températures et les conditions de dépôt doivent être les plus douces possibles tout en conservant les propriétés des dépôts réalisées sur substrat de verre. Le but principal des études actuelles est de veiller à ne pas dégrader le polymère de façon à ce qu'il reste flexible et transparent. Le fait de déposer sur un substrat polymère modifie les caractéristiques de l'ITO par rapport à ce qui est attendu par un dépôt sur substrat de verre. Tout d'abord, la rugosité est plus importante [14], la mobilité, la densité des porteurs et la conductivité sont dégradées principalement à cause du dégazage du substrat organique [12].

I-5- Effet de l'épaisseur sur les propriétés électriques et optiques :

Les caractéristiques de l'ITO dépendent de l'épaisseur déposée ; c'est ce qu'indiquent certains auteurs [15]. En effet, la résistivité et la transmission par exemple diminuent lorsque l'épaisseur augmente. Par contre le comportement est inversé pour la mobilité et la concentration des porteurs. On note également une évolution croissante de la taille des grains (15 et 46nm pour des épaisseurs respectives de 40 et 650nm). L'efficacité d'une OLED par exemple semble être maximale pour des couches d'épaisseur inférieure à 120nm [15].

II- Description expérimentale des protocoles de nettoyage utilisés dans notre travail :

La bonne qualité de surface de l'ITO est primordiale pour l'élaboration de composants fiables et de longue durée de vie. Le protocole de nettoyage et de traitement de cette surface doit être optimisé pour chaque genre d'application de l'ITO. J. S. Kim et coll [16] et F. Cacialli [17] ont étudié l'influence de différents traitements chimiques et physiques sur les propriétés des couches minces d'ITO telles que le travail de sortie, l'énergie de surface, la polarisabilité et les fonctions chimiques de surface.

Les procédures utilisées pour nettoyer la surface peuvent modifier la morphologie superficielle des couches d'ITO [18], ainsi que leurs propriétés électroniques, suivant que le traitement est oxydant ou réducteur [19]. Dans notre travail, la surface d'ITO doit favoriser essentiellement une meilleure adhésion de la couche d'alignement du cristal liquide d'une part et participer à la réduction des effets des impuretés ioniques dans le volume de la cellule à cristal liquide d'autre part. Nous cherchons à réaliser cet objectif en utilisant des moyens simples et non coûteux disponibles dans tout laboratoire de recherche, d'où l'intérêt de ce travail.

II-1- Caractéristiques de l'ITO utilisé :

Les substrats d'ITO que nous utilisons sont des plaques Baltracon provenant de chez Balzers (de référence 2 55 645 PG). Ils se présentent sous forme de couches minces de 140 nm sur substrat de verre. Une couche tampon de SiO_2 est déposée entre le verre de substrat et l'ITO pour limiter la diffusion des impuretés du verre [20]. La résistance superficielle (sheat resistance) est inférieure à 20 $\Omega/\square$.

II-2- Procédure expérimentale :

II-2-1- Première étape commune :

La première étape de nettoyage a pour but d'éliminer les débris de verre qui se déposent à la surface lors du découpage. Il s'agit de placer l'échantillon dans un bain à ultrason d'un solvant donné pour une durée déterminée. Dans notre cas les lames d'ITO sont nettoyées à l'acétone pendant 20mn, l'état de surface est alors vérifié à l'aide d'une binoculaire et les débris qui persistent sont minutieusement balayés à l'aide d'un pinceau.

II-2-2- Nettoyage dans l'extracteur de soxhlet :

L'extracteur de soxhlet est un instrument simple en verre borosilicaté composé d'un ballon, d'un tube extracteur (voir figure 3), d'un réducteur et d'un réfrigérant.

Chauffé jusqu'à l'évaporation, le solvant initialement dans le ballon passe au réfrigérant où il subit un refroidissement et se condense dans le tube extracteur dans lequel les lames d'ITO sont disposées verticalement. Lorsque le liquide pur atteint un volume bien déterminé, il se vide dans le ballon créant un flux de solvant propre qui permet l'élimination complète des débris de verre qui aurait résistés au nettoyage à l'ultrason et qui en plus dissout et draine les impuretés organiques. Ce cycle se répète indéfiniment, nous arrêtons le processus après trois heures. Nous avons optimisé le choix du solvant en essayant l'acétone, l'isopropanol, le méthanol et le chloroforme. En dernière étape, les lames sont séchées sous flux d'azote.

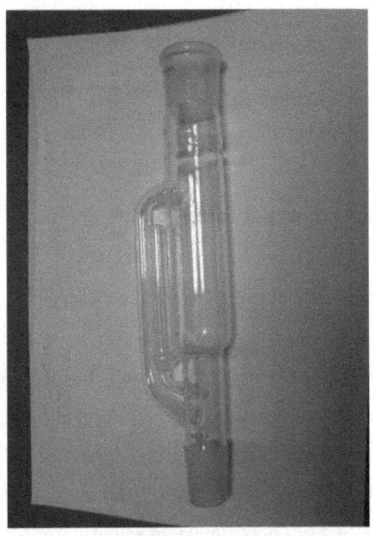

Figure 3 : Tube extracteur du soxhlet.

II-2-3- Traitement Aquaregia :

Le traitement par une solution d'aquarégia est une méthode très utilisée pour le nettoyage de l'ITO. Cette solution est composée d'un mélange de HNO_3 (65%), HCl (37%) et eau distillée dans la proportion de 1 : 3 : 20. L'acide nitrique est ajouté très lentement à l'acide chlorhydrique, le mélange se stabilise pendant 15 minutes. Par la suite nous diluons ce mélange par de l'eau distillée dans un rapport 1 :5 [16] [21]. Le traitement consiste à utiliser cette solution comme bain ultrason pour les substrats d'ITO à la température ambiante pendant 20 minutes. Les substrats sont ensuite séchés sous flux d'azote [3].

III- Suivi des étapes de nettoyage de l'ITO par mouillabilité :

La mouillabilité permet d'étudier les interactions entre les deux phases solide et liquide et de caractériser la surface du solide afin de prévoir son comportement vis- vis de son environnement. En effet, elle permet de connaître l'affinité d'une surface vis-à-vis d'un liquide sonde, de calculer son énergie libre de surface et éventuellement, d'étudier la dynamique de l'organisation moléculaire de la surface du solide [22] [23].

Dans cette partie, nous essayons d'appliquer cette technique pour la caractérisation des surfaces d'ITO nettoyées par les différentes méthodes précédentes. Nous déterminons le caractère hydrophile-hydrophobe de ces surfaces ainsi que leurs énergies libres de surface.

III-1- Principe de la technique

III-1-1- Définition de la mouillabilité :

L'étude de la mouillabilité d'un substrat consiste à évaluer sa capacité à être "mouillé" par un liquide. Le mouillage peut être alors défini comme le phénomène aboutissant à la création d'une interface solide liquide lorsque deux phases, l'une solide et l'autre liquide, sont en contact. Lorsqu'une goutte de liquide est déposée sur une surface solide plane, l'angle entre la tangente à la goutte au point de contact et la surface solide est appelé angle de contact θ (voir figure 4). Le mouillage est alors caractérisé par un angle de contact représentant l'étalement plus ou moins prononcé de la goutte. Il rend compte de l'aptitude d'un liquide à s'étaler sur une surface et dépend des interactions entre le liquide et le solide. L'angle de contact est lié à la tension superficielle du liquide γ_{LV} (ou γ_L), la tension interfaciale entre le liquide et le solide γ_{SL} et l'énergie de surface du solide γ_{SV} (ou γ_S). Ces paramètres sont liés par la relation d'Young :

$$\gamma_{SV} = \gamma_{SL} + \gamma_{LV} \cos\theta$$

L'angle θ est mesuré à partir du profil de la goutte alors que l'énergie d'interface liquide-vapeur γ_{LV} est déterminée expérimentalement par des appareils comme le tensiomètre. D'autres relations sont ainsi nécessaires pour estimer les inconnues γ_{SL} et l'énergie de surface γ_{SV}. Plusieurs modèles ont été développés pour cette finalité.

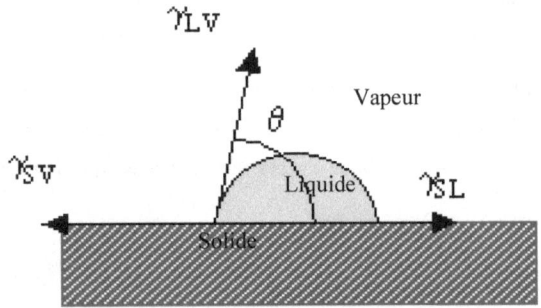

Figure 4 : Schéma représentant une goutte liquide déposée sur un substrat solide. θ l'angle de contact, γ_{SV} tension superficielle solide-vapeur, γ_{SL} tension interfaciale solide-liquide et γ_{LV} est la tension superficielle liquide-vapeur.

III-1-2- tension superficielle d'un liquide :

Une molécule au centre d'un liquide et en profondeur subit une multitude d'interactions. La résultante de ces forces agissant sur la molécule est nulle. En revanche, la résultante de ces forces sur une molécule en surface est non nulle et dirigé vers l'intérieur du liquide. La tension de surface peut être considérée comme une force de contraction qui assure une cohésion des molécules entre elles, comme si elles étaient dans un sac en plastique. En effet, la couche superficielle agit comme une fine membrane élastique qui a tendance à se rétrécir et à se tordre. Cette tension de surface libre est appelée tension superficielle du liquide γ_L ; elle est définie telle que :

$$\gamma_L = \gamma_L{}^D + \gamma_L{}^P$$

avec $\gamma_L{}^D$ la composante dispersive de la tension superficielle et $\gamma_L{}^P$ est sa composante polaire.

De même, les surfaces solides ont une énergie libre de surface qui peut être considérée comme une force d'attraction qui essaie de s'opposer à la force de contraction du liquide.

III-1-3- Mesure de l'énergie de surface d'un solide :

L'énergie libre de surface peut être considérée comme une force d'attraction d'une surface. Elle est mesurée dans le but de prévoir le comportement d'un liquide à l'interface. La combinaison de la tension superficielle d'un liquide et de l'énergie libre de surface du solide génère un angle de contact. Le *mouillage total* est obtenu quand l'énergie libre de surface du solide est égale ou supérieure à la tension de surface du liquide. Dans ce cas, l'angle de contact est voisin de zéro. Une goutte d'un liquide de très forte tension de surface (comme l'eau) déposée sur un matériau de faible énergie de surface (comme le Téflon) fait un angle de contact relativement élevé.

Différents modèles sont utilisés pour caractériser une surface solide. Dans ce paragraphe, nous représentons le modèle de Van Oss et celui d'Owens-Wendt.

III-1-3-1- Modèle d'Owens et Wendt :

Le modèle de Owens et Wendt, permet d'obtenir une composante polaire γ_S^p et une composante dispersive (ou apolaire) γ_S^d de l'énergie de surface.

L'équation reliant les composantes à l'angle de contact s'écrit alors :

$$\gamma_L(1 + \cos\theta) = 2(\gamma_S^d \cdot \gamma_L^d)^{\frac{1}{2}} + 2(\gamma_S^p \cdot \gamma_L^p)^{\frac{1}{2}}$$

Ce modèle nécessite l'utilisation de deux liquides différents pour obtenir l'énergie de surface.

III-1-3-2- Modèle de Van Oss :

Dans le modèle de Van Oss, on considère la composante dispersive γ_S^d de l'énergie de surface et les composantes qui traduisent les interactions acide-base (ou liaison donneur accepteur d'électrons) c'est-à-dire une composante polaire acide γ_S^+ et une composante polaire basique γ_S^-.

$$\gamma_S = \gamma_S^d + \gamma_S^p = \gamma_S^d + 2\,(\gamma_S^+ \cdot \gamma_S^-)^{\frac{1}{2}}$$

La relation entre les composantes de l'énergie de surface du solide, celles du liquide et de l'angle de contact de la goutte s'écrit :

$$\gamma_L(1 + \cos\theta) = 2\,((\gamma_S^d \cdot \gamma_L^d)^{\frac{1}{2}} + (\gamma_S^+ \cdot \gamma_L^-)^{\frac{1}{2}} + (\gamma_L^+ \cdot \gamma_S^-)^{\frac{1}{2}})$$

En utilisant 3 liquides différents dont les composantes dispersives et polaires sont connues, on détermine l'énergie de surface du solide.

Le tableau 1 donne les valeurs des différentes composantes des liquides utilisés dans nos mesures d'énergie de surface.

Tableau 1 : Composantes des liquides utilisés dans la méthode de la goutte posée

liquides	γ_L (mJ/m^2)	γ_L^d (mJ/m^2)	γ_L^p (mJ/m^2)	γ_L^+ (mJ/m^2)	γ_L^- (mJ/m^2)
eau	72,8	21,8	51	25,5	25,5
formamide	58.2	39.5	19	2,28	39,6
diiodométhane	50,8	50,8	0	0	0

III-2- Appareillage :

L'étude de la mouillabilité est réalisée grâce à un appareil GBX Scientific Instrument (Romans – France) (figure 5). Le principe de la mesure consiste à déposer une goutte de liquide sur la surface de l'échantillon étudié puis suivre son étalement sur la surface par la mesure de l'angle de contact. La mesure de l'angle se fait à partir d'images capturées par un PC via une caméra. Le logiciel Windrop permet de numériser le contour de la goutte par traitement des images. Il détermine ensuite l'angle de contact grâce à des méthodes d'interpolation. Ce logiciel permet aussi de calculer l'énergie de surface ainsi que toutes ses composantes suivant différents modèles. Nous avons utilisé le modèle de Van Oss et d'Owens wendt qui sont les mieux adaptés pour notre étude. Pour cela on a utilisé trois liquides sondes pour les calculs de l'énergie libre de surface : la diiodométhane (Sigma Chemical Co, St Louis – USA) qui est un liquide non polaire, le formamide (Sigma Chemical Co, St Louis – USA) et l'eau désionisée qui sont des liquides polaires. La pression d'étalement n'est pas prise en compte puisqu'elle a été négligée dans le modèle de Van oss [23] et le volume de la goutte est de 2 µl.

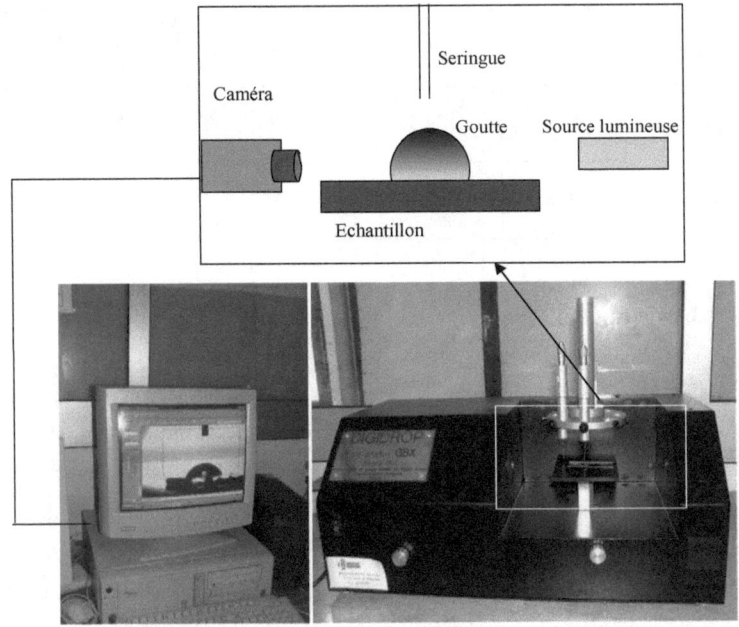

Figure 5 : Appareil digidrop et principe de mesure de l'angle de contact

III-3- Effets du nettoyage des surfaces d'ITO sur les valeurs de l'angle de contact de l'eau : Caractère hydrophile-hydrophobe.

Généralement, le caractère hydrophile ou hydrophobe d'une surface solide est décrit en terme de mouillabilité avec l'eau. De ce fait, si le mouillage est parfait (faible valeur d'angle de contact) alors la surface est considérée comme hydrophile. Par contre, si l'angle de contact est important, il qualifiera la surface d'hydrophobe. L'hydrophobicité peut être due à la nature même de la surface mais aussi elle peut être provoquée par la présence d'impuretés (Graisse, poussière,..) qui peuvent influencer la réactivité réelle de la surface vis-à-vis de l'eau.

Le tableau 2 représente les valeurs de l'angle de contact de l'eau des surfaces d'ITO traitées par les procédures décrites précédemment. La surface d'ITO non traitée possède une valeur supérieure à 90° (96.4°) : c'est donc une surface hydrophobe. Les traitements par l'isopropanol et l'acétone font diminuer l'angle de contact mais les surfaces restent relativement hydrophobes. On peut donc dire que les traitements avec le chloroforme et particulièrement le méthanol offrent les valeurs de l'angle de contact les plus faibles. Les surfaces obtenues sont donc de caractère hydrophile.

Tableau 2 : Effet du nettoyage des surfaces d'ITO sur les valeurs de l'angle de contact de l'eau

Méthode de traitement de l'ITO	natif	Acétone (soxhlet)	Isopropanol (soxhlet)	Méthanol (soxhlet)	Chloroforme (soxhlet)	Aquaregia (20 mn)
Angle de contact avec l'eau (°)	96.4	63.1	68.9	**48.1**	51.1	55.2

III-4- Energie de surface

Les valeurs des angles de contact pour les trois liquides utilisés ainsi que les valeurs de l'énergie de surface des plaques d'ITO nettoyées sont représentées dans le tableau 3. Le modèle utilisé est celui de Van OSS qui permet de déterminer les composantes dispersive γ^d, acido-basique γ^p, acide γ^+ et basique γ^-.

Lorsque la surface de l'ITO est non traitée, l'angle de contact est assez élevé, ce qui conduit à une énergie de surface faible. L'augmentation de cette énergie (diminution de l'angle de contact) s'observe après traitement chimique de la surface et atteint une valeur maximale de 56.7 mN/m pour le traitement avec le méthanol. Nous remarquons deux faits :

- une augmentation de la composante dispersive pour toutes les surfaces traitées par rapport à celle de l'ITO non traité.
- une diminution de la composante acido-basique pour tous les traitements sauf pour le traitement avec le méthanol qui vaut 10.1 mN/m.

L'influence du pH de la surface de l'oxyde sur sa mouillabilité a été étudiée par Fowkes et al [24] [25] qui ont montré que lorsqu'ils existent des sites acides sur une surface solide, ils interagissent fortement avec les fonctions basiques du liquide sonde (l'eau dans notre cas).

De même, une surface solide contenant des sites basiques interagit fortement avec les fonctions acides du liquide sonde. Pour expliquer le rôle des interactions acide-base avec le liquide sonde, Berg a relié quantitativement la contribution des interactions acide-base, au travail d'adhésion du liquide à la surface solide [26].

Tableau 3 : Angles de contact des 3 liquides et énergies de surface des surfaces d'ITO nettoyées (Modèle de Van Oss).

traitement de l'ITO	(°) eau	(°) diiodomé-thane	(°) formamide	γ_S (mN/m)	γ^d (mN/m)	γ^P (mN/m)	γ^+ (mN/m)	γ^- (mN/m)
non traité	96.4	41.8	81.1	43.9	38.7	5.3	1.8	3.9
Acétone (sox)	63.1	29.7	45.7	46.3	44.3	2.0	0.1	16.6
Isopropanol (sox)	68.9	37.0	46.3	45.3	41.1	4.3	0.4	10.3
Méthanol (sox)	**48.1**	**23.8**	**18.5**	**56.7**	**46.6**	**10.1**	**1.2**	**21.3**
Chloroforme (sox)	51.1	27.2	36.9	49.2	45.3	3.9	0.1	26.4
Aquarégia (20 mn)	55.2	40.0	47.3	41.9	39.6	2.4	0.0	27.9

III-5- Effet de la déshydratation :

Dans plusieurs méthodes de dépôt des couches organiques sur les surfaces solides, la déshydratation du substrat, après nettoyage, est parmi les faits accomplis. Dans cette étude, nous avons cherché l'influence de la déshydratation de l'ITO sur sa mouillabilité et son énergie libre de surface. Pour cela, les lames d'ITO ont été déshydratées sous vide à 100° C dans une étuve appropriée. Dans la mesure de l'angle de contact l'eau désionisée est utilisée comme liquide sonde. Pour l'énergie de surface nous avons utilisé les mêmes liquides exploités précédemment. Le tableau 4 présente une comparaison entre les valeurs de l'angle de contact obtenues pour les surfaces d'ITO déshydratées et non déshydratées. On voit que pour tous les traitements l'angle de contact de l'eau augmente d'une manière remarquable ; les surfaces deviennent donc plus hydrophobes en fonction de la déshydratation.

Tableau 4 : Effet de la déshydratation sur les valeurs de l'angle de contact de l'eau de la surface d'ITO traitée par différents solvants organiques.

ITO traité	Non déshydraté (°)	Déshydraté (°)
Acétone	63.1	79.4
Isopropanol	68.9	79.3
Chloroforme	51.1	78.7
Méthanol	48.1	88.1

Par la suite, lors de l'étude de l'énergie de surface nous avons observé une diminution de celle-ci en fonction de la déshydratation. Dans le tableau 5 nous représentons les valeurs de l'énergie de surface et de ses composantes des surfaces d'ITO traitées par les quatre solvants organiques précédents.

Les composantes dispersives et acides de l'énergie restent pratiquement constantes. La diminution de l'énergie est donc due essentiellement à la diminution de sa composante basique qui subit une chute en fonction de la déshydratation. Cela est très remarquable pour les surfaces d'ITO traité par le méthanol. Ce résultat confirme bien l'idée qui suppose que le traitement en utilisant des solvants organiques laisse des traces de ces solvants sur la surface d'ITO ce qui influence sur son hydrophilité et son énergie libre de surface. A ce propos, Kim [13] a mis en évidence la formation d'une couche dipolaire après rinçage avec l'isopropanol qui montre que les molécules de ce solvant se fixent à la surface d'ITO.

Tableau 5 : Effet de la déshydratation sur l'énergie de surface ainsi que ses composantes dispersives, acide et base. (Modèle de Van Oss).

ITO	Acétone	Acétone + déshy	Isopropanol	Isopropanol + déshy	Chloroforme	Chloroforme+ déshy	Méthanol	Méthanol + déshy
γ_s (mN/m)	46.3	45.0	45.3	40.9	49.2	45.0	56.7	42.1
γ^d (mN/m)	44.3	43.3	41.1	40.4	45.3	42.9	46.6	41.9
γ^p (mN/m)	2.0	1.7	4.3	0.5	3.9	2.1	10.1	0.2
γ^+ (mN/m)	0.1	0.1	0.4	0.0	0.1	0.3	1.2	0.0
γ^- (mN/m)	16.7	7.8	10.3	7.7	26.4	4.2	21.3	2.3

IV- Effets du traitement de l'ITO sur les propriétés électriques de la cellule à cristaux liquides :

Les propriétés électroniques de l'interface ITO-matériau organique [2] dépendent fortement de la qualité de surface du substrat d'ITO et en particulier dans le cas des écrans à cristaux liquides (LCD). Le fonctionnement de ces écrans est basé sur l'effet d'un champ électrique extérieur sur l'orientation des molécules du cristal liquide. Les LCD sont très sensibles à l'existence des impuretés ioniques pouvant provenir du cristal liquide lui-même ou des électrodes (l'ITO). En effet, la consommation de l'énergie électrique augmente avec les impuretés ioniques ce qui peut causer un mauvais alignement des molécules du cristal liquide et réduit la durée de vie du dispositif [27] [28] [29]. Par conséquent, le comportement des impuretés ioniques dans le volume du cristal liquide et le mécanisme de la génération de charges dans les électrodes est d'une grande importance [30].

Dans cette partie nous examinons l'effet du nettoyage sur les propriétés diélectriques de la cellule à cristal liquide.

IV - 1- Construction des cellules à cristaux liquides :

IV-1- 1 Structure :

La cellule est composée de deux plaques de verre couvertes d'une couche d'ITO disposées parallèlement (figure 6) avec un décalage latéral qui permet d'apposer les points de soudure de prise de contact électrique. Pour maintenir une épaisseur fixe entre ces plaques, on intercale des espaceurs en mylar d'épaisseur 20 µm. Le cristal liquide est injecté dans la cellule par capillarité. La fixation de tous ces éléments est assurés par un support métallique muni de trois vis de serrage (voir photo dans la figure 6) qui permettent le réglage du parallélisme des plaques en regard.

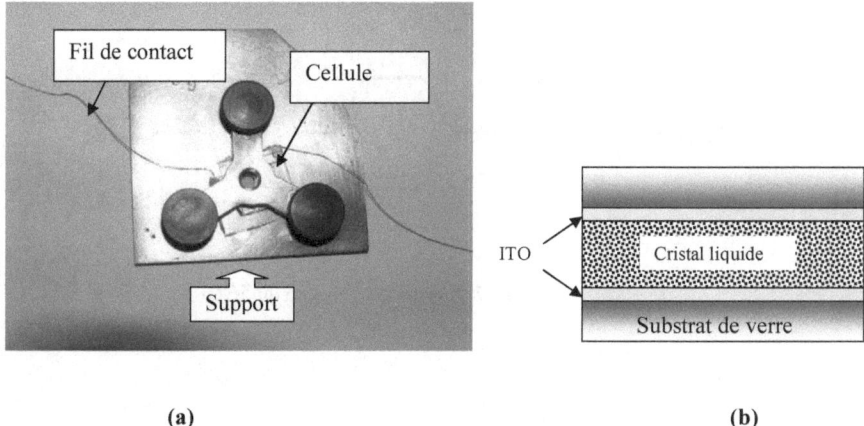

(a)   (b)

Figure 6 : Cellule à cristal liquide : **(a)** Photo de la cellule fixée dans le support. **(b)** Coupe transversale de la cellule.

IV-1- 2- Cristaux liquides utilisés dans notre travail :

Nous avons utilisé les cristaux liquides de la famille des nCB (cyanobiphényles), essentiellement le 5CB (ou K15) et le 6CB (ou K18) : le 4-n-cyano-4' pentylbiphényl (5CB) et le 4-n-cyano-4'-hexylbiphényl (6CB) (BDH Limited Poole Engand).
La structure chimique de ces cristaux liquides est une association d'une chaîne aliphatique linéaire et d'une tête polaire constituée par un groupement carbonitrile (–CN), les deux entités sont reliées par l'intermédiaire de deux noyaux aromatiques comme décrit sur la figure 7. Cette association des deux parties aux propriétés chimiques antagonistes confère aux composés le caractère mésogène. La figure 8 représente les différentes températures de transition de phase du 5CB et du 6CB [31,32]. Le 5CB est très stable mais de nombreux auteurs, dont Beaglehole [33], ont constaté que lorsqu'il est en contact avec l'atmosphère, il peut absorber des contaminants, en particulier l'eau. Cela conduit, en général, à une diminution de la température de transition nématique-isotrope, sans que les phénomènes associés à cette transition soient pour autant modifiés.

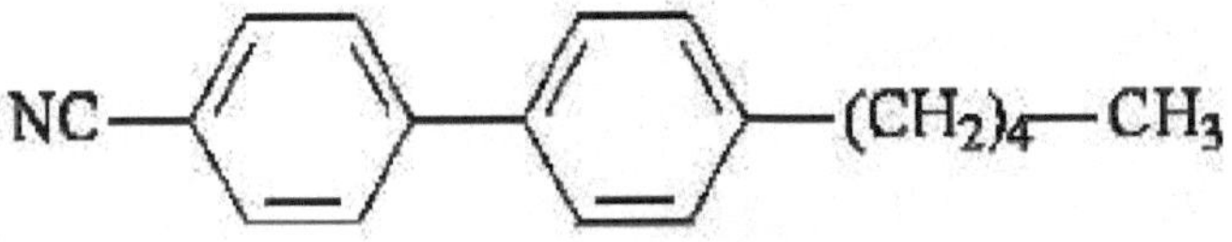

Figure 7 : Formule chimique du 5CB

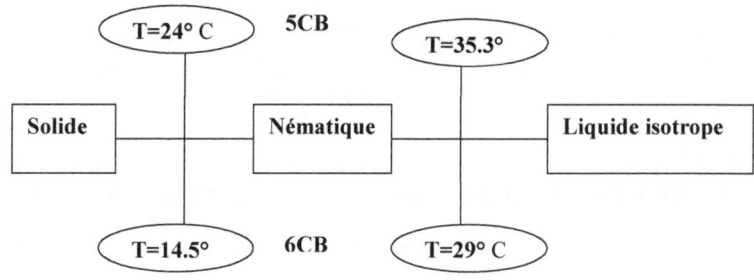

Figure 8 : Températures de transitions de phase du 5CB et du 6CB

IV- 2- Spectroscopie d'impédance

Les mesures de spectroscopie d'impédance permettent d'évaluer les propriétés intrinsèques des matériaux, mais aussi de décrire la structure interne des composants et de rendre compte du comportement des interfaces. En effet, elles donnent des informations sur les mécanismes de transport et de transfert, les cinétiques des processus dynamiques et sur l'évolution des caractéristiques physiques [34] [35].

IV-2-1- Définition et principe général :

La spectroscopie d'impédance repose sur la mesure d'une fonction de transfert H générée par une perturbation x (t) de faible amplitude. Cette perturbation est généralement un signal alternatif sinusoïdal qui peut être soit un courant soit un potentiel.

Si le signal appliqué est une tension $E(t) = E_0 + \Delta E(t)$ et la réponse du système est un courant $I(t) = I_0 + \Delta I(t)$, alors l'impédance électrochimique qui représente la fonction de transfert se définie comme étant le nombre complexe $Z(\omega)$ résultant du rapport :

$$Z(\omega) = \frac{\Delta E(\omega)}{\Delta I(\omega)}$$

où, en mode potentiostatique, $\Delta E(\omega)$ est la perturbation imposée à un potentiel choisi E_0 et $\Delta I(\omega)$ la réponse en courant du système étudié avec une composante continue I_0 (figure 10) :

Il est aussi possible d'utiliser le mode galvanostatique. Dans ce cas, la perturbation appliquée au système est un courant de faible amplitude et c'est la réponse en potentiel qui est mesurée.

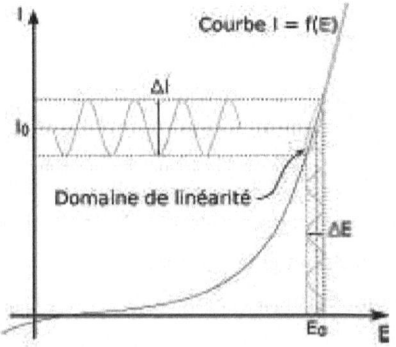

Figure 9 : Principe de mesure d'impédance électrique [36]

Z (ω) est une fonction paramétrée qui peut être représentée dans un plan orthonormé appelé plan de Nyquist où l'on porte l'imaginaire $Z''(\omega)$ en ordonnée et le réel $Z'(\omega)$ en abscisse (Figure 10a).

La figure 10a représente l'impédance dans le plan de Nyquist pour un circuit électrique composé d'une résistance R_S en série avec un circuit résistance-capacité en parallèle (R_p // C_p). L'impédance électrique d'un tel circuit est :

$$Z(\omega) = Rs + \frac{Rp}{1 + jRp.Cp.\omega}$$

On note que théoriquement, l'impédance de ce circuit électrique donne un demi-cercle idéal dans le diagramme de Nyquist. On peut s'assurer si un demi-cercle est idéal en représentant le Nyquist dans une échelle logarithmique. Dans ce cas on doit trouver une pente de la tangente à la courbe égale à 0.5 [37] (Voir figure 10b).

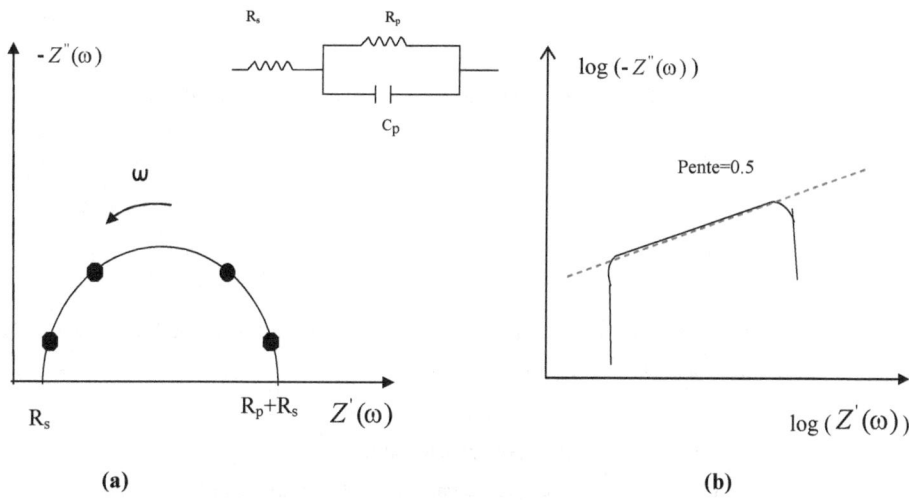

Figure 10 : Plan de Nyquist et circuit électrique équivalent. (a) Représentation linéaire, (b) Représentation logarithmique.

On peut aussi tracer séparément le graphe du module et celui de l'argument en fonction de la pulsation ou de la fréquence. En choisissant une représentation orthonormée, on porte $\log|Z(\omega)|$ et $\varphi(\omega)$ en fonction de $\log \omega$ ou de $\log f$ (figure 11).

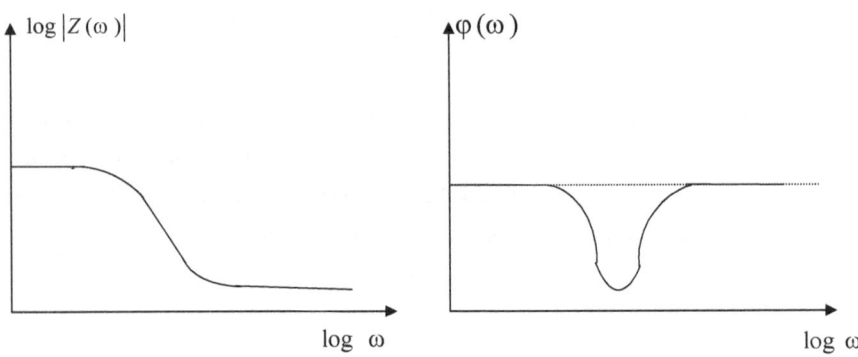

Figure 11 : Impédance électrique dans le plan de Bode.

IV-2-2- Montage expérimental :

Le dispositif expérimental de caractérisation diélectrique est représenté sur la figure 12. Il comporte les éléments suivants :

- La cellule de mesure décrite précédemment
- Un analyseur d'impédance commercial HP4192A équipé d'une interface IEEE HPIB standard 488. Cet analyseur couvre la gamme de fréquence 5Hz-13MHz. Les mesures peuvent être effectuées avec une tension sinusoïdale dont

l'amplitude est comprise entre 5mV et 1.1V. L'échantillon peut également être polarisé avec une tension continue. Dans ce cas, la tension continue de polarisation est superposée à la tension alternative de mesure. La tension de polarisation s'étend de -35V à +35V. Les grandeurs affichées après mesure sont le module et la phase de l'impédance, la conductance et la capacité pour une modélisation par un résistor et un condensateur en parallèle, la résistance et la capacité pour une modélisation en série (voir photo dans la figure 12).

- La commande et l'acquisition sont assurées via une carte IEEE gérée par un programme fait au laboratoire.

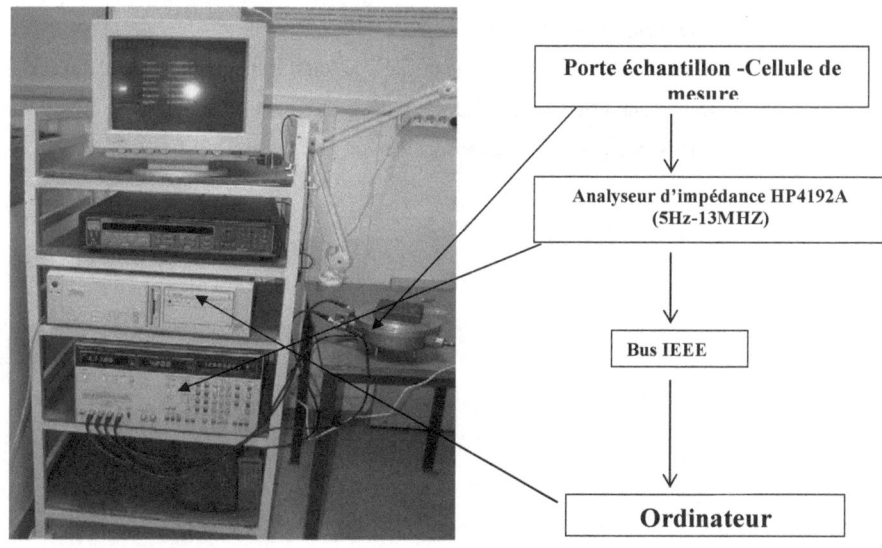

Figure 12 : Dispositif de mesures diélectriques

IV- 3- Résultats expérimentaux :

IV- 3-1- Effet du nettoyage sur les mesures électriques :

La préparation des électrodes ITO commence par un nettoyage spécifique qui suit un protocole que nous essayons d'optimiser. Nous avons ainsi commencé par optimiser la technique de nettoyage puis le choix du solvant. L'effet sur les cellules à cristaux liquides est étudié par mesure d'impédance électrique. Les mesures électriques sont faites sur deux séries de cellules qui diffèrent par la nature du cristal liquide. Dans la première série, les cellules sont remplies par le cristal liquide 5CB. Par contre, dans l'autre série nous utilisons le 6CB. Dans chaque série, les électrodes d'ITO des cellules sont nettoyées par les différentes méthodes décrites précédemment. La tension sinusoïdale appliquée est d'amplitude 100mV sans polarisation continue.

Nettoyage et mesures électriques :

Les figures 13a et 13b présentent l'évolution des diagrammes de Nyquist avec le type de traitement effectué sur les électrodes des cellules à CL. Ces mesures sont effectuées dans la gamme de fréquences allant de 5Hz jusqu'à 13MHz.

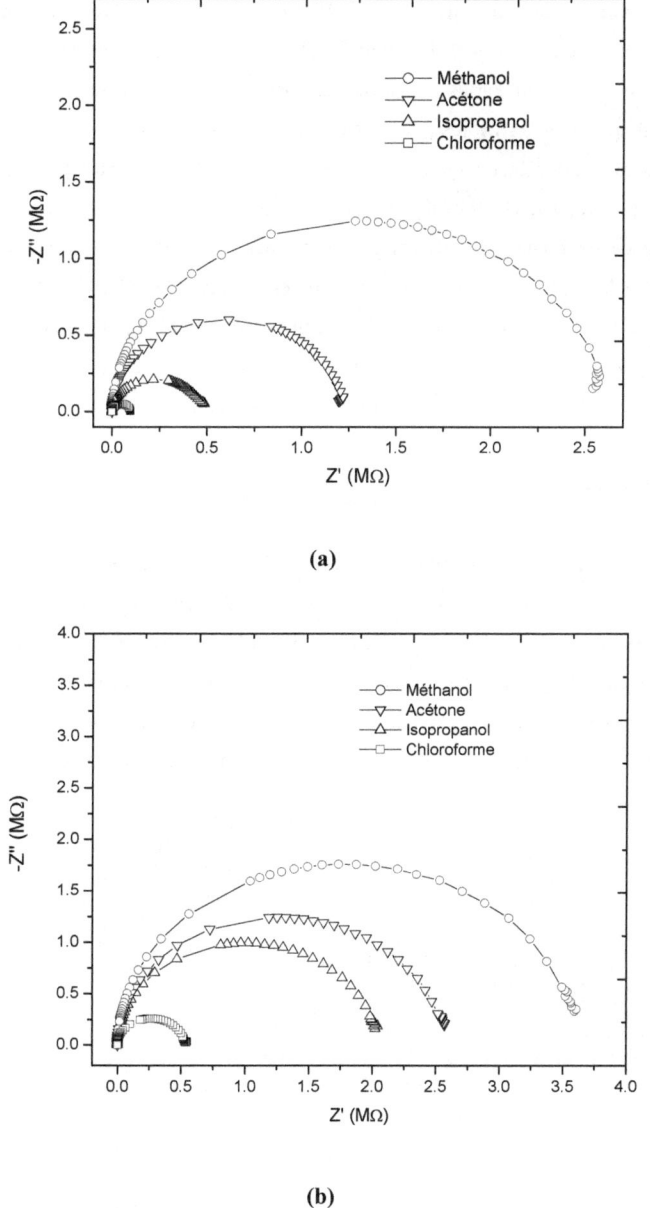

(a)

(b)

Figure 13 : Effet du nettoyage sur les mesures électriques effectuées sur deux cellules symétriques **(a)** ITO/5CB/ITO et **(b)** ITO/6CB/ITO.

Nous remarquons que dans tout les cas, les courbes de Nyquist en impédance sont des demi-cercles parfaits. Le modèle électrique de telles structures serait à priori simplement un condensateur parfait en parallèle avec un résistor, une étude plus approfondie affinera ce résultat.   Nous observons une augmentation de la résistance traduite par le décalage du point intersection du Nyquist avec l'axe des réels de Z.

A hautes fréquences, tous les spectres partent du même point qui correspond à la résistance de contact au niveau des électrodes. Pour les deux séries de cellules, on retrouve la même succession des spectres en fonction du type de nettoyage. En effet, quelque soit le cristal liquide utilisé, on constate que le plus grand diamètre est associé à la cellule dont l'ITO est nettoyé par le méthanol suivie par celles nettoyées avec l'acétone, l'isopropanol et le chloroforme successivement.

Modélisation :

La figure 14 représente un exemple du diagramme de Nyquist de l'impédance électrique à l'échelle logarithmique de l'une des cellules étudiées (ITO nettoyé par l'isopropanol). La pente de la tangente à la courbe vaut 0.5 et donc on peut assimiler la cellule dans la gamme de fréquences étudiée à un circuit électrique équivalent formé d'une résistance (associée à l'électrode) en série avec un sous circuit composé d'une résistance en parallèle avec une capacité associées au volume de la cellule.

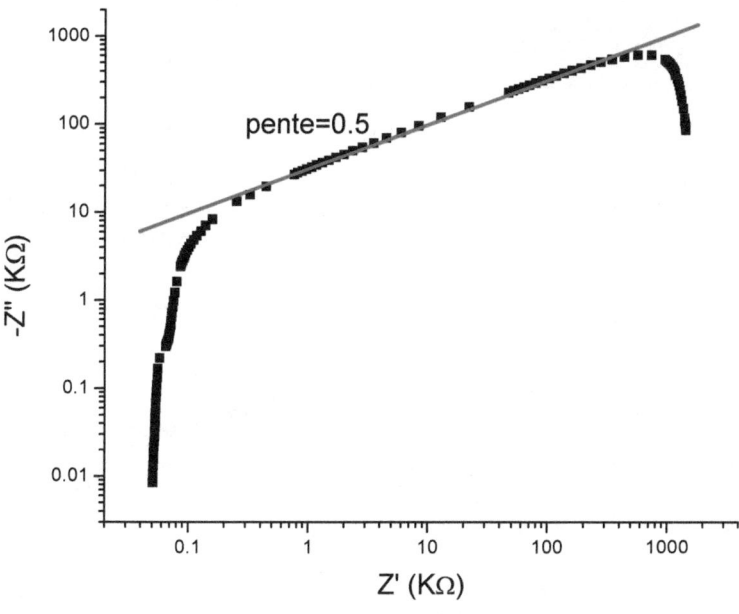

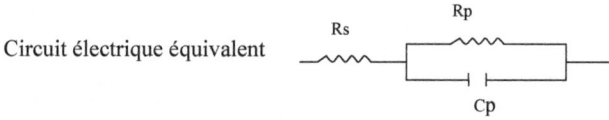

Circuit électrique équivalent

Figure 14 : Diagramme de Nyquist de l'impédance à l'échelle logarithmique et circuit électrique équivalent à la cellule à cristal liquide.

En ajustant les paramètres de ce circuit électrique, nous pouvons bien simuler les courbes obtenues (figure 15). Sur l'ensemble des cellules étudiées, nous remarquons, à hautes fréquences, un décalage par rapport à l'origine qui est attribué à la résistance de contact et de l'ITO. La valeur de cette résistance est estimée à 50Ω [38] [39] [40].

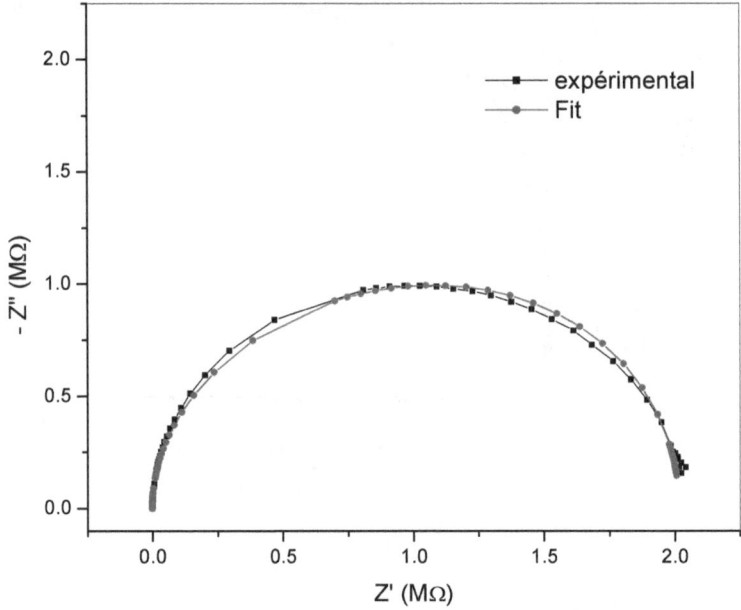

Figure 15 : Diagramme de Nyquist de l'impédance ajustée par celle du circuit équivalent défini en haut (nous avons pris comme exemple la cellule dont le solvant de nettoyage de l'ITO est l'isopropanol)

Dans les tableaux 6a et 6b, nous représentons les valeurs caractéristiques des composants électriques du circuit de modélisation, à savoir la résistance R_p et la capacité C_p pour les cellules de 5CB et 6CB. Nous citons aussi les valeurs de la conductivité et de la permittivité relative correspondantes en tenant compte de la surface active S et de l'épaisseur e de la cellule :

$$= \underline{\quad\quad}$$

et

$$= \underline{\quad\quad}$$

avec ε_0 est la permittivité du vide.

Nous remarquons que la valeur la plus élevée de la résistance est associée aux cellules dont les électrodes sont nettoyées par le méthanol. Les conductivités correspondantes sont donc les plus faibles par rapport aux autres cellules. Ce nettoyage affecte le moins le cristal liquide en introduisant le minimum d'impuretés chargées [41]. Ce résultat est confirmé par l'analyse des valeurs de la capacité et de la permittivité relative. En effet, la réduction des charges dans la cellule due au nettoyage est manifestée par une diminution de ces grandeurs. De ce fait, en se diminuant, la permittivité devient plus stable. [42][43].

Tableau 6a : Paramètres caractéristiques du circuit électrique équivalent à la cellule du cristal liquide 5CB.

ITO traité par	Méthanol	Acétone	Isopropanol	Chloroforme
R_p (KΩ)	2556	1210	466	96
C_p (10^{-10} F)	6.2	13.8	17.1	25.5
$\sigma(10^{-8}(\Omega.m)^{-1})$	7.4	15.7	40.7	197.9
ε_r	13.3	29.6	36.7	54.8

Tableau 6b : Paramètres caractéristiques du circuit électrique équivalent à la cellule du cristal liquide 6CB.

ITO traité par	Méthanol	Acétone	Isopropanol	Chloroforme
R_p (KΩ)	**3560**	2551	2016	532
C_p (10^{-10} F)	**6.8**	6.6	9.3	10.0
σ ($10^{-8}(\Omega.m)^{-1}$)	**5.3**	7.4	9.4	35.7
ε_r	**14.6**	14.2	20.0	21.5

IV- 3-2- Effet de la déshydratation des plaques d'ITO nettoyées sur les mesures électriques :

Nous avons constaté dans les études présentées au début du chapitre que le traitement des électrodes ITO leur confère des propriétés de surfaces très différentes suivant le protocole ou le produit utilisé. Nous regardons dans la suite l'influence de ces modifications sur les réponses électriques des cellules à CL élaborées à partir de ces électrodes. A cet effet, nous avons testé trois types de cellules de 5CB qui diffèrent par le solvant de nettoyage, à savoir le méthanol, l'isopropanol et l'acétone. Pour chaque type de nettoyage, nous avons construit deux cellules dont les plaques d'ITO sont déshydratées où non déshydratées.

Les figures 16a, 16b, 16c représentent les diagrammes de Nyquist des mesures effectuées sur ces cellules. Tous les spectres montrent que la déshydratation des lames d'ITO après le nettoyage, fait diminuer la résistance R_p de la cellule. De ce fait la conductivité augmente en fonction de la déshydratation. Dans la partie suivante nous essayons d'expliquer et d'interpréter les résultats obtenus.

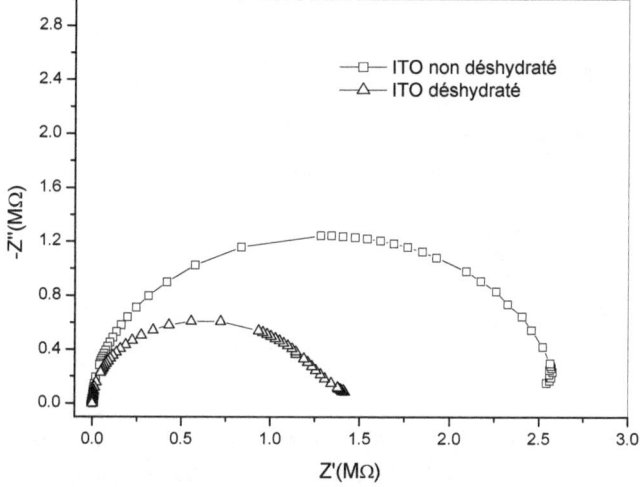

Figure 16a : Effet de la déshydratation sur le Nyquist de l'impédance de la cellule à cristal liquide. Nettoyage avec le méthanol

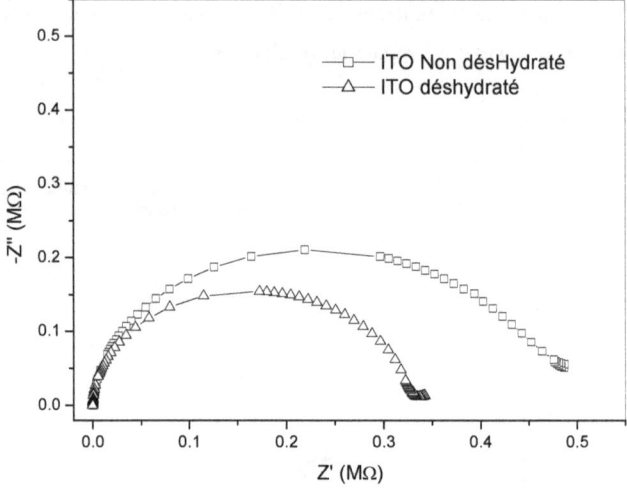

Figure 16b : Effet de la déshydratation sur le Nyquist de l'impédance de la cellule à cristal liquide (Nettoyage avec l'isopropanol).

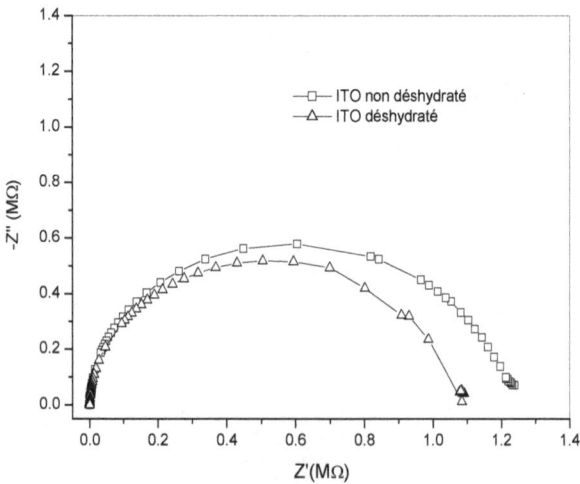

Figure 16c : Effet de la déshydratation sur le Nyquist de l'impédance de la cellule à cristal liquide (Nettoyage avec l'acétone).

V- Discussion :

Les deux techniques, mouillabilité et mesure d'impédance électrique, nous ont permis de conclure sur la meilleure méthode de préparation de surface ; c'est le nettoyage avec le méthanol dans un soxhlet et sans déshydratation. Cette méthode permet d'obtenir une surface d'ITO hydrophile, une énergie de surface élevée et une conductivité faible de la membrane cristal liquide. Si nous comparons les performances atteintes par les différents solvants utilisés nous constatons que le chloroforme crée les caractéristiques électriques les plus défavorables avec une conductivité de cristal liquide très forte et une capacité élevée, l'énergie de surface reste néanmoins proche de celle obtenue en utilisant le méthanol. Par considération des performances électriques nous pouvons indiquer l'ordre suivant méthanol, acétone, isopropanol et chloroforme.

Pour interpréter ces observations, nous avons pensé à chercher dans les caractéristiques intrinsèques de tous les solvants utilisés. A cet effet, nous avons réfléchi plus précisément aux propriétés diélectriques et polaires. Le tableau 7 [44] présente les constantes diélectriques ε et les polarités E_t de ces solvants à 25°C.

Le méthanol est le solvant le plus polaire et qui admet la constante diélectrique la plus élevée suivi par l'acétone, l'isopropanol, et le chloroforme. Cet ordre est le même que celui obtenu dans les mesures électriques de la cellule à cristal liquide, à savoir la résistance R_p et la capacité C_p (tableau 6).

De ce fait, nous pouvons associer les résultats obtenus aux propriétés diélectriques et polaires des solvants. On pense qu'après le nettoyage, les solvants ne disparaissent pas entièrement de la surface d'ITO malgré le séchage par le flux d'azote. En plus de la propreté qu'ils offrent, les solvants s'adsorbent sur la surface et lui confèrent ainsi un caractère hydrophile. Vue la polarité des solvants, cette couche adhérée participe à l'attraction des impuretés ioniques à partir du volume de la cellule à cristal liquide vers les électrodes lors de l'application d'un champ électrique. Il est attendu donc que le méthanol favorise les résultats les plus adéquats puisqu'il présente les caractéristiques polaires et diélectriques les plus fortes par rapport aux autres solvants. Cette idée se confirme bien en se basant sur les résultats obtenus suite à l'étude de l'effet de la déshydratation des surfaces d'ITO nettoyées. En effet l'augmentation des angles de contact de l'eau, la diminution des énergies de surfaces des plaques d'ITO déshydratées et la décroissance des résistances R_p peuvent résulter de l'évaporation du solvant.

Table7 : Constantes diélectriques ε et polarités E_t des solvants utilisés dans le nettoyage de l'ITO.

Solvant	Méthanol	Acétone	Isopropanol	Chloroforme
ε	32.6	20.7	18.3	4.7
Polarité : E_t (Kcal/mol)	55.5	42.2	48.6	39.1

Conclusion :

En combinant les résultats obtenus par les techniques, la mouillabilité et la spectroscopie diélectrique, nous avons réussi à adopter un protocole de nettoyage des surfaces d'ITO jouant le rôle d'électrodes dans les cellules à cristaux liquides. En effet, le nettoyage de ces surfaces par l'acétone 20 minutes dans un bain ultrasonique suivi d'un traitement avec le méthanol dans le soxhlet pendant trois heures pour être finalement séchées par un flux d'azote, offre les meilleurs résultats dans le sens de la minimisation des impuretés ioniques dans la cellule. L'étude par la mouillabilité montre que les surfaces traitées sont les plus hydrophiles et d'énergie de surface la plus forte. Par ailleurs, les mesures diélectriques et en assimilant la cellule à cristal liquide à un circuit électrique équivalent ($R_p//C_p$) en série avec une résistance R_s, permettent de constater que ce protocole fait minimiser le maximum les impuretés ioniques en comparaison avec les résultats obtenu par les autres protocoles. Enfin, une étude de l'effet de la déshydratation a été menée sur les surfaces d'ITO nettoyées puisque cette étape est très mentionnée dans la littérature. Nous avons montré que la déshydratation rend la surface d'ITO plus hydrophobe que celle non déshydraté, diminue son énergie de surface et fait augmenter la conductivité de la cellule et donc minimise moins les impuretés ioniques dans le cristal liquide.

Dans le chapitre suivant, nous décrivons la fonctionnalisation et la caractérisation des surfaces d'ITO par des couches d'alignement des cristaux liquides et la construction des cellules à cristaux liquides.

BIBLIOGRAPHIE

[1] M. Lésniak et al, Mol. Crys. Liq. Crys., Vol. **61**, No 241 (1980).

[2] S. Besbes et al, Synthetic Metals. 1-4, 10329 (2003).

[3] G. Lewis & C. Paine, MRS Bull, 25 (2000) 22.

[4] C. Yan, M. Zharnikov, M. Gölzhäuser & M. Grunze, Langmuir, 16 (2000) 6208.

[5] M. Schrader & G. Loeb, New York, Plenum Press, (1992).

[6] C.G. Granqvist & A. Hultäker, Thin Solid Films, 411 (2002) 10.

[7] M. Notomi, H. Suzuki, T. Tamamura. App. Phys. Lett. 78 (2001) 1325.

[8] T. Osada, Th.Kugler, P. Bröms & W. R. Salaneck, Synth. Met., 96 (1998) 77.

[9] H. Kim, A. Piqué, J. Horwitz, H. Mattoussi, H. Marata & Z. Kafafi, Appl. Phys. Lett,

74 (1999) 344.

[10] G. Horowitz, M. E. Hajlaoui and R. Hajlaoui. J. App. Phys. Vol 87 (2001) 4456.

[11] K. Bädeker, ann. Phys. (Leipzig), 22 (1907) 746.

[12] W. Brütting, S. Berleb, A.G. Mückl. (2001) 1-36

[13] S. Besbes, thèse de Doctorat « Interfaces polymère électroluminescent dérivé de PPV

/ ITO : Influence de la fonctionnalisation de surface sur les conditions de fonctionnement

des dispositifs ».2004.

[14] A. J. Campbell, D. C. C. Bradley and H. Antoniadis, J. Appl. Phys. 89 (2001) 3343.

[15] L.M. Ma, J. Liu, S. Pyo and Y. Yang, App. Phys. Lett. 80 (2002) 362.

[16] J. S. Kim, M. Granström, R. H. Friend, N. Johansson, W. R. Salaneck, R. Daik, W. J.

Feast & F. Cacialli, J. Appl. Phys., 84 (1998) 6859.

[17] F. Cacialli, J. S. Kim, T. M. Brown, J. Morgado, M. Granström, R. H. Friend, G.

Gigli, R. Cingolani, L. Favaretto, G. Barbella, R. Daik & W. J. Feast, Synth. Met, 109 (2000) 7.

[18] C. Yan, M. Zharnikov, M. Gölzhäuser & M. Grunze, Langmuir, 16 (2000) 6208.

[19] M. Schrader & G. Loeb, New York, Plenum Press, (1992).

[20] M. Ben Khlifa, thèse de Doctorat « Etude du transport et ingénierie de bandes dans

les diodes organiques électroluminescentes à hétérostructures » Université Claude Bernard (2004).

[21] F. Li et al, Appl. Phys. Lett., Vol. **70**, No 20 (1997).

[22] G. M. Whitesides & P. E. Laibinis, Langmuir, 6 (1990) 87.

[23] C. J. Van Oss, « Forces Interfaciales en milieux Aqueux », Masson, (1996).

[24] G. Fourchet., Polymer Eng. Sci. 35(1995) 957.

[25] W. Wu, R.F. Jr.Griese, C. J. van Oss., Powder Technology **89** (1996) 129.

[26] J. C. Berg., Nordic Pulp and Paper Research Journal **1 (1993)** 75.

[27] A. Sussman, J. Appl. Phys., Vol. **49**, 1131 (1978).

[28] A. Sussman, J. Electrochem. Soc., Vol. **126**, No 85 (1979).

[29] M. Ohgawara et al, Jpn. J. App. Phys., Vol. **20**, No 75 (1981).

[30] M. Lésniak et al, Mol. Crys. Liq. Crys., Vol. **61**, No 241 (1980).

[31] Guiaume Toquer. Thèse de doctorat de l'université Montpelier II « Couplages originaux entre surfactants et cristaux liquides thermotropes : microémulsion inverses et émulsion directes ». (2006).

[32] Barbara Wild, Thèse de doctorat à l'école polytechnique fédérale de

Lausanne « Etude expérimentale des propriétés optiques des cristaux photoniques bidimensionnels et de leur accordabilité ». (2006).

[33] D. Beaglehole. Mol. Liq. Cryst., **89,** 319, (1982).

[34] D.D. Macdonald, Electrochim. Acta 35 1509-1525, (1990).

[35] F. Mansfeld and W. J. Lorentz in: techniques for Characterization of Electrodes and Electrochemical Processes (R. Varma and Selman Eds.) John Wiley & Sons, New York (1991), p.58.

[36] Jean-Baptiste JORCIN. Thèse de doctorat de l'institut national polytechnique de Toulouse. « Spectroscopie d'impédance électrochimique locale : caractérisation de la délamination des peintures et de la corrosion des alliages Al-Cu » (2007).

[37] S. Kim et al, J. Appl. Phys., Vol. 87, No 2, 882 (2000).

[38] H.W. Rhee, K.S.Chin, S.Y.Oh and J. W.Choi, Thin solid Films, 363, 236-239, (2000).

[39] M.Meier, S.Karg, and W.Riess, J.Apply.Physics, 82,1961-1966, (1997).

[40] M.G.Harrison, J.Grüner and G.C.W.Spencer, Synthetic Metals, 76, 71-75, (1996).

[41] A. Abderrahmen, F. F. Romdhane, H. Ben Ouada, A. Gharbi, Materials Science and engineering C 26 (2006) 538-541.

[42] A. Rouis. Thèse de doctorat. Faculté des sciences de Monastir, « Réalisation es capteurs chimiques à base des nouveaux dérivés de calix[4]arènes », (2006).

[43] http://pagesperso-orange.fr/f5zv/RADIO/RM/RM23/RM23B/RM23B07.html

[44] C. Reichardt, Effets de solvants en chimie organique, flammarion sciences, France (1971).

CHAPITRE 3

CHAPITRE III

CONSTRUCTION DE LA CELLULE A CRISTAL LIQUIDE

A- Description générale

I- Structure de la cellule à cristal liquide

Toutes les cellules d'afficheurs à cristaux liquides sont composées d'une structure stratifiée de plaques de verre traitées, de cristal liquide, de filtres polarisants (figure 1). Les plaques de verre servent de support à une couche conductrice transparente, généralement d'oxyde d'indium dopé à l'étain (ITO). La surface de la couche d'ITO subit différents traitements dans le but d'assurer un alignement des molécules du cristal liquide. Le cristal   liquide est généralement disposé entre deux plaques de verre traitées et maintenues par un   espaceur d'épaisseur connu. Le dit espaceur fixe l'épaisseur de la membrane à CL.

Pour produire une image, le verre est divisé en une grille d'électrodes, correspondant aux pixels. L'image affichée est créée en éclairant ou en éteignant les pixels en laissant passer ou en bloquant alternativement la lumière du rétroéclairage. Le principe de fonctionnement d'une cellule à affichage est décrit dans le premier chapitre.

Sur un afficheur en couleur, chaque "point" d'écran correspond en fait à trois pixels séparés, chacun avec un filtre rouge, vert ou bleu imprimé sur la face extérieure du verre. Ces couleurs primaires sont mélangées en diverses proportions afin de former la gamme de couleurs désirée [1].

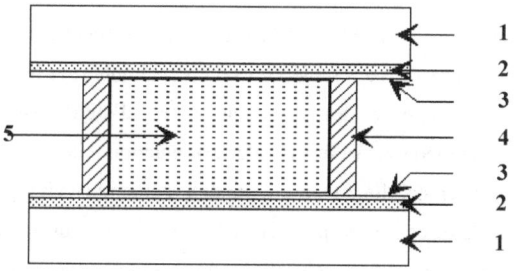

1 : Substrats de verre

2 : Électrodes transparentes

3 : Couche d'alignement

4 : Cales d'épaisseur

5 : Cristal liquide

Figure 1 : Représentation schématique de la cellule d'affichage à cristal liquide

II- Alignement des cristaux liquides nématiques

« En l'absence de surfaces et de forces imposées, le champ de directeur $\bar{n}(\bar{r})$ d'un nématique à l'équilibre est uniforme (indépendant de $\bar{r}$) et d'orientation arbitraire. Cette liberté rotationnelle et translationnelle est analogue à celle d'un bateau sur une mer plate sans houle. La fixation de l'orientation du cristal liquide par l'action d'une surface est une opération semblable au mouillage de l'ancre. Laquelle fixe la position du bateau par rapport au fond de la mer. Il n'est donc pas étonnant que l'on parle de l'ancrage des nématiques sur une surface » [2].

Il est bien connu que la fabrication des dispositifs à cristaux liquides exige le contrôle de l'alignement des molécules du cristal liquide sur les surfaces de la cellule. On commence par rappeler les différents types d'alignement des cristaux liquides. L'alignement homéotrope se reporte à une orientation telle que le directeur des molécules dans la phase cristal liquide est maintenu perpendiculaire par rapport à la surface adjacente. Si le directeur est parallèle à la surface alors on parle d'alignement planaire. L'ancrage est dit tilté (tilted en anglais), si le directeur fait un angle entre 0 et − avec la surface adjacente.

De nos jours, l'ancrage et l'orientation des molécules du cristal liquide nématique sont bien maitrisés. Pour les applications commerciales, des polymères ou des polyamides frottés sont très utilisés comme couche d'alignement planaire ou presque planaire. Après dépôt et recuit, cette couche est frottée avec un tissu dans un sens déterminé, opération qui laisse à sa surface des stries à peine décelables. La qualité des fibres du matériau de frottage est importante. Les stries permettent d'aligner les molécules du cristal liquide à la surface du substrat et de leur faire prendre la bonne inclinaison. Un inconvénient de cette méthode est que le frottement mécanique peut endommager la structure de la couche d'alignement. En plus, le processus de frottement peut générer des charges statiques sur la surface ce qui influence ses propriétés.

La couche d'alignement planaire peut être aussi réalisée par évaporation de différentes substances inorganiques avec un angle d'incidence oblique. L'inconvénient de cette méthode est d'une part qu'elle exige un vide durable (donc couteux) et d'autre part la couche formée est très sensible aux impuretés provenant du milieu environnant. Ces impuretés peuvent influencer négativement le fonctionnement du dispositif.

Plusieurs méthodes sont utilisées pour le dépôt des couches qui favorisent l'alignement homéotrope. On cite comme exemples le dépôt de surfactants et le greffage de silane.

III- Différents types des cellules

A partir des surfaces traitées par des couches d'alignement planaire et homéotrope, on peut construire différents types de cellules à cristaux liquides. Si les deux plaques en regard dans la cellule sont toutes les deux planaires, alors on peut obtenir ou bien une cellule planaire telle que les deux directions des plaques sont parallèles (figure 2 (a)), ou bien une cellule twistée (twist cell en anglais) dans laquelle les deux directions sont perpendiculaires (figure 2 (b)). En pratique, ce dernier type de cellules est très utilisé dans les afficheurs. Une cellule homéotrope peut être aussi construite avec deux plaques à couches d'alignement homéotrope (figure 2 (c)). Dans le cas ou une plaque est planaire et l'autre est homéotrope, on crée une cellule hybride (figure 2 (d)).

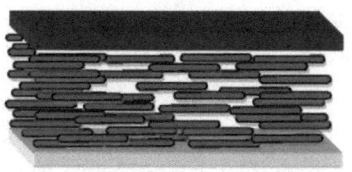

(a) Cellule planaire

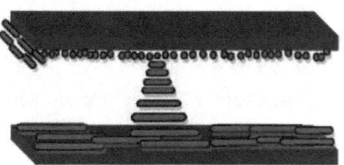

(b) Cellule twistée

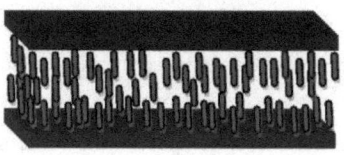

(c) Cellule homéotrope

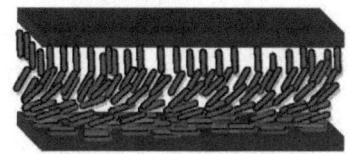

(d) Cellule hybride

Figure 2 : différents types de cellules à cristaux liquides

B- Nos cellules

Dans cette partie nous allons rapporter sur les cellules à cristaux liquides construites au sein de nos laboratoires. En premier temps nous détaillerons les protocoles d'élaboration de différentes couches d'alignement, à savoir, une couche de silane, une couche d'acide phosphonique et une couche de calixarène. Par ailleurs nous décrirons la méthode de construction des cellules symétriques à cristaux liquides. Les cristaux liquides utilisés dans notre étude sont le 5CB et le 6CB. L'observation par le microscope optique polarisant sur ces cellules nous permet de définir le type d'orientation des molécules du cristal liquide.

I- Dépôts de couches d'alignement des molécules du cristal liquide :

I-1- Dépôts de couches auto-assemblées

Une monocouche auto-assemblée ou auto-organisée ou encore appelée SAM (Self-Assembled Monolayer) est un assemblage moléculaire se formant spontanément par simple immersion d'un substrat approprié dans une solution contenant la molécule adéquate. C'est une réaction entre les sites actifs d'une surface et les groupes fonctionnels de la molécule en solution. En général, une molécule apte à s'auto-organiser est formée de trois parties : une tête polaire, une chaine alkyle et une extrémité fonctionnelle (figure3). C'est la tête polaire qui va réagir sur le substrat ; c'est un processus exothermique qui implique une liaison chimique dont la nature et la force dépendront du couple substrat-molécule. En fonction de la densité des molécules adsorbées, des réactions intermoléculaires de type Van der Walls peuvent se développer, leur intensité va dépendre de la longueur des chaines alkyles. C'est ce type d'interaction qui est responsable de la formation d'un assemblage structurée et compact. L'extrémité de la molécule induit la fonctionnalité acquise pour un type d'application donné. Il est à noter que ces groupes terminaux peuvent être considérés comme étant hautement mobiles à température ambiante et que de ce fait les courtes chaines seront beaucoup moins bien organisées.

La formation de la monocouche peut prendre plusieurs secondes à plusieurs heures et tout dépend de la structure de la molécule, du solvant et du substrat.

Il existe trois types de SAMs : les alkanethiol sur les métaux nobles tels que l'or et l'argent [3], les organosilanes sur les oxydes [4] et les acides sur les métaux et les oxydes métalliques [5]. Dans notre travail nous avons élaboré les deux derniers types. En effet, nous avons déposé du silane et de l'acide phosphonique sur l'ITO.

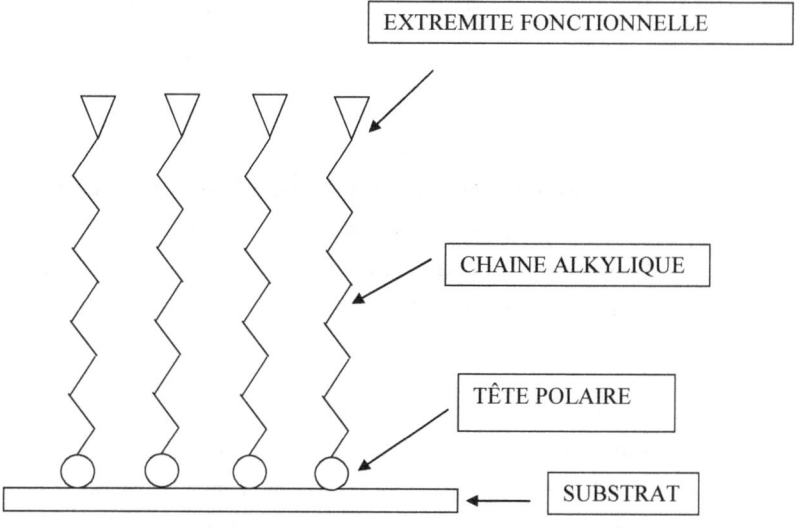

Figure 3 : Structure d'une molécule apte à s'auto-organiser

I-1-1 Greffage du silane sur l'ITO

Les premières études sur les couches auto-assemblées d'organosilanes remontent aux années 1940. C'est walter Zisman de l'office de recherche navale aux états Unis, qui avait mis au point une technique très simple permettant de déposer à la surface du verre une couche mince de molécules organiques. Il suffirait d'immerger le substrat à recouvrir dans un solvant contenant une faible concentration des molécules du soluté que l'on souhaitait déposer. Les molécules se fixaient spontanément par adsorption sur le substrat pour former une couche monomoléculaire et généralement compacte.

A nos jours, ces monocouches continuent de présenter un intérêt dans de nombreux domaines tels que ceux du mouillage, de l'électronique moléculaire, des capteurs (bio) chimiques etc.

Les organosilanes sont connus pour réagir avec des substrats porteurs de groupements hydroxyles de surface (alumine, quartz, silice, verre etc)

Dans notre étude, le silane utilisé est le chlorodiméthyloctadecyl-silane 95% de formule chimique $CH_3(CH_2)_{17}Si(CH_3)_2Cl$. Il est acheté de chez Aldrich Chemical Company.

La méthode de greffage est réalisée en plusieurs étapes. On procède de la façon suivante :

- **Préparation de la solution de silane** : On fait dissoudre le silane dans l'isopropanol avec les proportions suivantes : 0.1% de silane et 99,9% d'isopropanol. La solution ainsi obtenue est agitée pendant 30 minutes dans un agitateur magnétique.

- **Déshydratation des lames d'ITO** : Les lames nettoyées d'ITO sont séchées à une température de 140°C pendant trois heures. Elles sont placées chacune dans un ballon où un vide est assuré par une pompe appropriée. Ces ballons sont plongés dans un bain d'huile chauffant à température réglable (voir figure 4).

- **Imprégnation des lames d'ITO dans la solution de silane** : après refroidissement des lames d'ITO contenues dans les ballons, on ajoute la solution préparée de silane sous atmosphère d'azote. Par la suite on agite manuellement les ballons contenants les lames imprégnées dans la solution de silane pendant une demi heure.

- **Étape de greffage** : à l'aide d'une pipette pasteur, on retire la solution de silane à partir des ballons. Les lames gardées toujours sous atmosphère d'azote, sont chauffées à 100°C pendant trois heures. Le greffage chimique est ainsi réalisé.

-   La dernière opération consiste à rincer abondamment par l'isopropanol les lames greffées. Ceci est dans le but d'éliminer les molécules non greffées du silane. Enfin on sèche les lames par un flux d'azote.

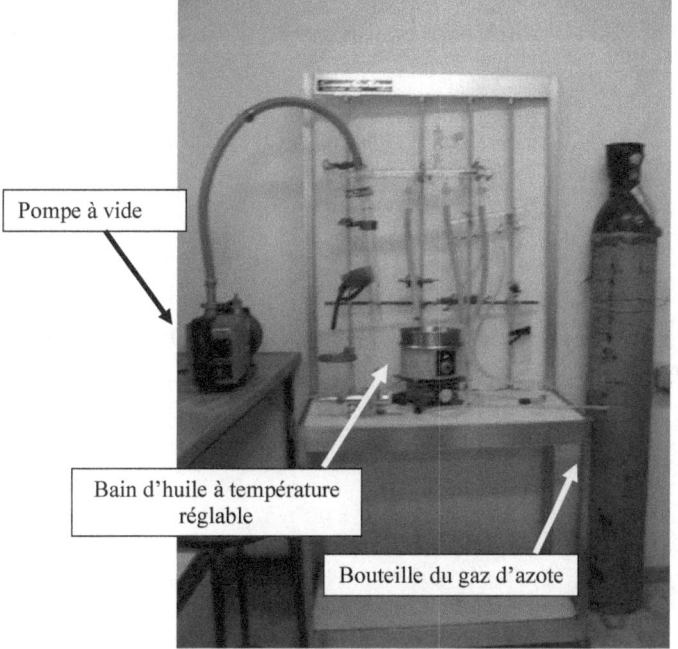

Figure 4 : Photographe du dispositif de greffage du silane

I-1-2 Dépôt d'une monocouche auto-assemblée d'acide Phosphonique

Le dépôt de la couche auto-assemblée d'acide phosphonique (acide-2-chloroethyl-phosphonique) est réalisé d'une façon simple. Nous avons suivi le protocole exploité par Applayard [6]. Dans ce protocole, les lames nettoyées d'ITO sont plongées, approximativement pendant 16 heures, dans une solution d'acide phosphonique [7].

Cette solution de 30% de méthanol dans le chloroforme est de concentration 10^{-4}M. L'acide phosphonique est obtenu de chez ACROS. Les substrats d'ITO sont ensuite lavés avec le mélange de solvants, le chloroforme et le méthanol, afin d'éliminer l'excès d'acide phosphonique et pour s'assurer qu'il ne reste que les couches auto-assemblées liées chimiquement à la surface d'ITO.

En présence d'acide phosphonique, les atomes d'étain en surface de l'ITO seront sous forme ionique. L'acide phosphonique est sous forme :

$$O = P \overset{\displaystyle O^{\ ..}}{\underset{\displaystyle R}{\diagup}} \!\!\! —OH$$

La figure 5 représente la réaction chimique qui se produit entre l'acide phosphonique et la surface d'ITO [8].

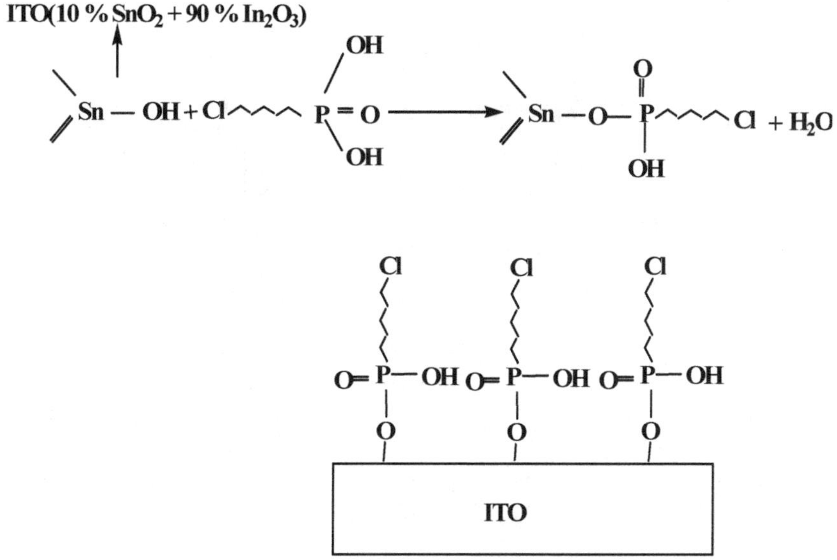

Figure 5 : Processus d'attachement des couches auto- assemblées formées par l'acide- 2-Chloroethylphosphonique sur la couche d'ITO

I-2- Dépôt de couche de calixarène :

Les calix-[n]-arènes sont des composés macrocycliques constitués de n (n=4 à 12) unités phénoliques reliées par des ponts méthylène. Ce sont des composés possédant une cavité naturelle ; ils appartiennent à la famille des macromolécules dite « molécules cages ».

Leur structure est comparable à celle d'une coupe, elle dépend fortement du nombre d'unités et du type des substituants. Ces structures sont nommées cône (toutes les unités ont la même orientation spatiale), cône partiel, et alternées, elles sont illustrées sur la figure 6 [9].

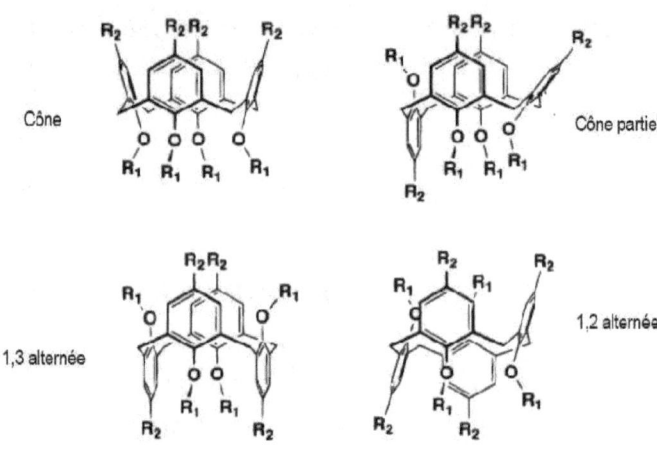

Figure 6 : Représentation des conformations des Calixarènes [10]

Les calixarènes sont insolubles dans les solutions aqueuses et très peu solubles dans des solvants organiques. Les points de fusion des calix-arènes sont particulièrement hauts. Ceci est dû aux liaisons hydrogène dans les groupes hydroxyles. Ces composés sont très connus comme récepteurs supramoléculaires possédant des qualités de reconnaissances sélectives vis-à-vis de différents ions où molécules. Ils sont également susceptibles de se fixer chimiquement sur des surfaces et de modifier leurs propriétés. De ce fait, ils sont largement utilisés dans le domaine des capteurs chimiques, biologiques, optiques etc. [11] et [12]. Récemment, Ichimura et co-workers [13] ont vérifié que de telles molécules cycliques, substituées de groupements azobenzoïques photosensibles, peuvent favoriser une réorientation des molécules de cristaux liquides sous irradiation

UV. Par ailleurs, Peralta [14] a étudié l'effet de couches de certains dérivés de calixarènes, déposées sur verre, sur l'orientation des molécules du cristal liquide. Il a montré que ces composés peuvent favoriser les deux types d'alignement planaire ou homéotrope suivant la forme des molécules des calixarènes utilisés. Ces résultats sont importants en considérant la simplicité d'élaborer les couches de calixarène et la transparence qu'offrent ces dernières ; condition nécessaire pour l'application dans les afficheurs.

Préparation de la solution de calixarène :

Nous avons utilisé le Bu^t-calix-[4]-arène (p-tert-butyl-calix-[4]-arène); sa structure est représentée dans la figure 7, il est composé de quatre unités phénoliques substitués en para par un groupe t-butyl et reliés par des groupes méthylène (CH_2). A l'état solide, il prend la forme de cône ; c'est la plus stable à cause de la présence des fortes liaisons hydrogène entre les groupes hydroxyles [15], [16]. Nous avons préparé une solution de Bu^t-calix-[4]-arène 10^{-2} M dans le chloroforme. La couche de calixarène est déposée par spin-coating.

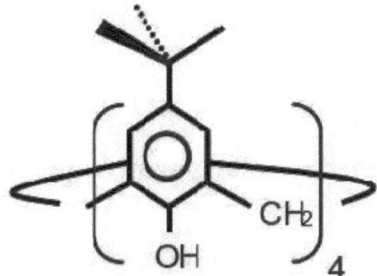

Figure 7 : Structure de la molécule de Bu^t-calix-[4]-arène

Dépôt par centrifugation ou spin-coating :

Le principe de cette technique, appelé encore technique de dépôt à la tournette, consiste à étaler une goutte de solution sur un substrat mis en rotation [17], [18]. En fait, la tournette (spin-coater) comporte une platine tournante à vitesse variable sur laquelle est placé le substrat et retenu par aspiration (figure 9). Après avoir déclenché la rotation de la platine tout en régulant une vitesse de 2300 tours/minute, nous déposons une goutte de 30µl de la solution au centre du substrat, l'ITO. Nous obtenons dans ces conditions des couches minces, transparentes et quasi- uniformes en épaisseur.

Figure 8 : Photographie de la tournette (Spin-coating)

II- Construction des cellules symétriques à cristaux liquides :

La structure de nos cellules est identique à celle décrite dans la première partie. Il s'agit donc d'un sandwich formé de deux plaques d'ITO (ITO sur substrat de verre) en regard recouvertes par les couches d'alignement décrites précédemment. Chaque plaque est d'aire 1,5 cm × 1,5 cm.

Par ailleurs on fixe les fils de contact électrique sur chaque plaque par l'intermédiaire d'une colle conductrice spéciale pour ce type de contact. En pratique, ces fils servent d'électrodes dans le cas où on a besoin d'appliquer en d'un champ électrique.

Le choix des cales d'épaisseur est crucial pour le contrôle de l'uniformité de l'épaisseur des cellules. Dans notre travail on intercale entre les lames d'ITO deux bouts de papier de Mylar d'épaisseur bien connu : 20µm. Tout le système, formé par les plaques en regard, est fixé par un support métallique qui comporte trois vis permettant de maintenir le parallélisme des plaques (figure 9). Le remplissage de la cellule par le cristal liquide est assuré par capillarité en utilisant une pipette pasteur stérilisée. On n'avait pas besoin de chauffer les cristaux liquides puisque ces derniers sont fluides à température ambiante. Les cristaux liquides utilisés sont les cyanobiphényls le 5CB et le 6CB. Les caractéristiques de ce produit sont décrites dans le chapitre précédent.

De cette façon on a construit six cellules différentes par la couche d'alignement ou bien par le cristal liquide. Les cellules ainsi construites sont observées avec un microscope polarisant.

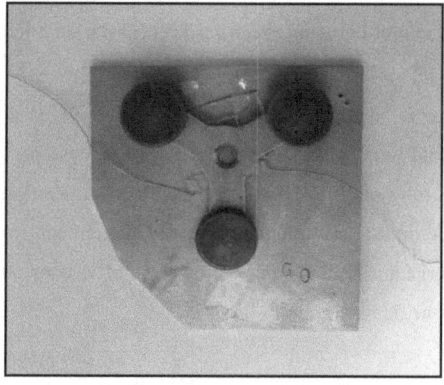

Figure 9 : Photographie de la cellule à cristal liquide

III- Observation au microscope polarisant

L'observation microscopique en lumière polarisée est une technique de base pour la caractérisation des cristaux liquides. En effet, elle permet d'une part de distinguer les différentes mésophases des cristaux liquides en faisant varier la température et d'autre part de déterminer l'orientation des molécules du cristal liquide.

Le principe de la microscopie polarisée est le suivant :

- Le faisceau lumineux issu d'une source de lumière blanche passe à travers un polariseur (dont l'orientation est fixée par l'utilisateur). La lumière ainsi polarisée traverse l'échantillon

- L'échantillon analysé modifie l'état de polarisation de la lumière.

- La lumière traverse finalement un analyseur.

L'intensité observée est liée à :

- L'angle entre le polariseur et l'analyseur
- La position relative de l'échantillon par rapport au polariseur
- La structure et à la biréfringence de l'échantillon considéré
- L'épaisseur de l'échantillon

Les différentes cellules construites sont examinées par un microscope polarisant (ZEISS).

Nous notons que les deux cristaux liquides (5CB et 6CB) donnent les mêmes résultats d'alignement pour une même surface traitée. Ceci est prévisible en considérant les caractéristiques physiques très proches des deux molécules. Les couches de silane et d'acide phosphonique font orienter perpendiculairement (orientation homéotrope) les molécules des cristaux liquides. Par contre nous observons une orientation planaire dans le cas de la couche de calixarène.

C- Caractérisation des couches d'alignement

I- Caractérisation par mouillabilité

L'étude de la mouillabilité des couches déposées sur l'ITO nous a donné une idée sur leurs caractères hydrophile-hydrophobe ainsi que sur leur énergie de surface. Dans le tableau1 nous avons placé pour chaque couche, les valeurs de l'angle de contact obtenues pour les trois liquides (eau distillée, formamide, diiodométhane), la valeur de l'énergie de surface et les valeurs de ses composantes dispersive, acide et basique.

La couche de silane et la couche de calixarène sont hydrophobes (angle de contact de l'eau est de l'ordre de 91°). De plus les composantes polaires de l'énergie de surface (γ^p) sont très faibles devant les composantes dispersives (γ^d). Cela est attribué, dans le cas de la couche de silane, à l'extrémité fonctionnelle (qui est simplement un méthyle (CH_3)) de la chaine alkylique dans la molécule de silane. Pour le calixarène, ce sont les groupes hydroxyles (OH) qui vont réagir avec le substrat [14]. La surface de la couche du calixarène est donc non polaire ce qui explique son caractère hydrophobe et la faible valeur de la composante polaire de l'énergie de surface.

La couche d'acide phosphonique est hydrophile (angle de contact de l'eau de l'ordre de 51°), et γ^p est élevée par rapport aux autres couches (10.1 mN/m). Cela est probablement du à l'existence d'oxygène et des fonctions hydroxyles dans la molécule de l'acide phosphonique qui n'entrent pas en interaction avec le substrat.

Tableau 1 : Angles de contact et énergies de surface des couches déposées sur l'ITO.

Surface	AC eau (°)	AC form (°)	AC diodo (°)	γ_S (mN/m)	γ^d (mN/m)	γ^+ (mN/m)	γ^- (mN/m)	γ^p (mN/m)
ITO nettoyé	48.1	18.5	23.8	56.7	46.6	1.2	21.3	10.1
Silane	91.3	74.1	50.8	35.5	33.9	0.2	4.3	1.7
Acide Phosph	51.5	22.3	26.7	55.7	45.5	1.4	18.2	10.1
Calix[4]	91.3	71.6	33.6	45.9	42.7	0.8	3.5	3.3

AC eau : angle de contact de l'eau

AC form : angle de contact du formamide

AC diodo : angle de contact du diiodométhane

γ_S : énergie de surface

γ^d: composante dispersive de l'énergie de surface

γ^p: composante polaire ou acido-basique de l'énergie de surface

γ^+ : composante acide de l'énergie de surface

γ^- : composante basique de l'énergie de surface

II- Caractérisation par Microscope Électronique à Balayage (MEB)

La microscopie électronique à balayage (MEB ou SEM pour *Scanning Electron Microscopy* en anglais) est une technique de microscopie électronique qui se base sur le principe des interactions électrons-matière, capable de produire des images en haute résolution de la surface d'un échantillon.

Le principe du MEB consiste en un faisceau très fin d'électrons, monocinétique, balaie la surface d'un échantillon où se produisent des interactions détectées par un capteur qui contrôle la brillance d'un oscilloscope cathodique dont le balayage est synchronisé avec celui du faisceau d'électrons [19].

Aujourd'hui, la microscopie électronique à balayage est utilisée dans des domaines allant de la biologie aux sciences des matériaux et un grand nombre de constructeurs proposent des appareils de série équipés de détecteurs d'électrons secondaires et dont la résolution se situe entre 0,4 nanomètre à 20 nanomètres [20]

Dans notre travail, nous avons utilisé cette technique pour visualiser la morphologie de la couche de silane et pour évaluer le protocole de nettoyage de l'ITO décrit dans le chapitre précédent. En effet, nous avons réalisé le dépôt de couches de silane sur deux surfaces d'ITO nettoyées par deux protocoles différents. Parmi les protocoles étudiés dans le chapitre précédent, on a choisi, d'une part, celui très utilisé dans la littérature qui exploite l'isopropanol comme solvant de nettoyage et d'autre part le protocole adopté dans notre travail après optimisation, en utilisant le méthanol.

La figure 10 présente les images par MEB des deux couches de silane. On remarque que la couche de silane déposée sur la surface d'ITO nettoyée avec le méthanol est plus homogène. En effet, bien que son taux de recouvrement apparait plus faible que celui de la couche de silane déposées sur l'ITO nettoyé avec l'isopropanol, nous apercevons qu'elle présente une épaisseur uniforme sur toute sa surface (figure 11).

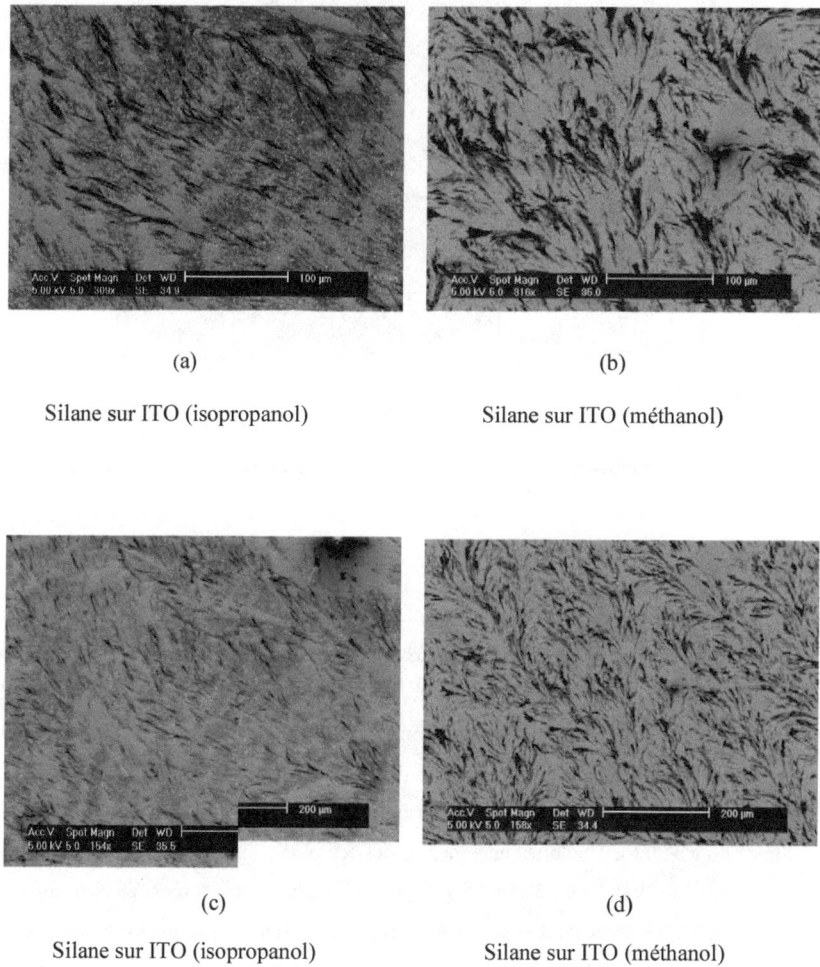

(a)

Silane sur ITO (isopropanol)

(b)

Silane sur ITO (méthanol)

(c)

Silane sur ITO (isopropanol)

(d)

Silane sur ITO (méthanol)

Figure 10 : Images obtenues par MEB de la couche de silane déposé sur l'ITO. (a),(c), ITO nettoyé avec l'isopropanol, (b),(d), ITO nettoyé avec le méthanol.

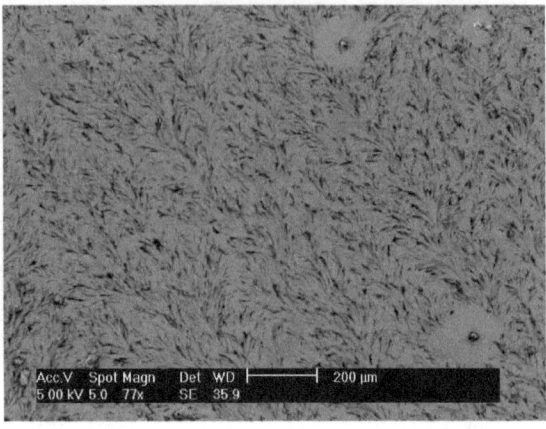

Figure 11 : couche de silane sur ITO nettoyé avec le méthanol

III- Caractérisation par Microscopie à Force Atomique :

La microscopie à force atomique (AFM pour Atomic Force Microscopy en anglais) est une technique basée sur l'interaction entre une pointe sonde et la surface d'un échantillon [21]. Le fondement de son fonctionnement dérive directement de celui de la microscopie à effet Tunnel (STM scanning Tunneling Microscopy). Il repose sur le principe du balayage et de la rétroaction de la pointe au dessus de la surface à observer. Dans le cas du STM, le vecteur de l'information est le courant tunnel alors que ce sont les forces pour l'AFM. Quelques unes des forces les plus communément mesurées incluent les forces de Van der Waals, les forces répulsives, les forces électrostatiques et magnétiques, les forces adhésives et les forces de friction. Sur le plan pratique, la pointe est fixée à un ressort dont on détecte la déflexion. Le principe de détection de la déflexion utilisé initialement par Binnig et col. en 1986 était aussi fortement inspiré du STM. L'invention d'une nouvelle méthode de détection basée sur un bras de levier optique a permis d'accélérer fortement le développement de l'AFM (Martin et al 1987, McLelland et al 1987) [22]. Cette méthode a l'avantage d'être simple à mettre en œuvre et de n'exercer qu'une très faible perturbation sur le ressort.

Le fonctionnement de l'AFM est schématisé dans la figure 12. Un cristal piézoélectrique permet de commander le déplacement de l'échantillon dans deux directions de l'espace.

La déflexion du ressort (cantilever) est mesurée par la méthode du levier optique : un faisceau laser est envoyé sur le ressort et la position du faisceau réfléchi est détectée grâce à un photodétecteur à quatre quadrants. Lorsque le faisceau réfléchi est dévié, l'intensité reçue par chacun des cadrans du détecteur change. Pour des faibles déflexions, il y a une relation linéaire entre le déplacement du ressort et la différence entre les intensités reçues par les quadrants de droite et les quadrants de gauche.

La technique de l'AFM permet de mesurer ou de faire des images des forces électromagnétiques entre les surfaces sur une échelle de longueur de 10^{-11} à 10^{-7} m. En effet, parallèlement à l'imagerie de la topographie des surfaces à l'échelle nanométrique, elle s'est imposé comme un instrument de mesure de forces entre deux surfaces. Dans ce travail de thèse, c'est le premier usage de l'AFM qui nous a intéressés.

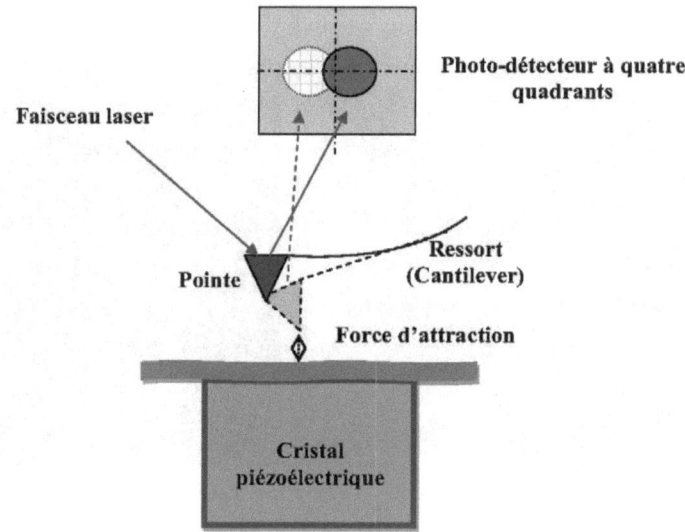

Figure 12 : AFM où la déflexion du ressort (cantilever) est mesurée par la méthode du levier optique.

III-1 Morphologie de la couche de silane

Une étude de la morphologie de la couche de silane déposée sur l'ITO est effectuée. La figure 13 représente les images AFM de la couche d'ITO avant et après le dépôt du silane. La différence en morphologie des deux surfaces confirme l'existence de la couche de silane déposée. En effet, on remarque une diminution de la densité des gros grains observés sur la surface d'ITO (figure 13a) par rapport à celle de la surface du silane (figure 13b) tandis que la surface de silane devient moins lisse (surface ridée) que la surface de l'ITO nu. Cela peut être aussi illustré par la différence de la rugosité entre les deux surfaces (120 A° et 171 A° pour l'ITO et le silane respectivement).

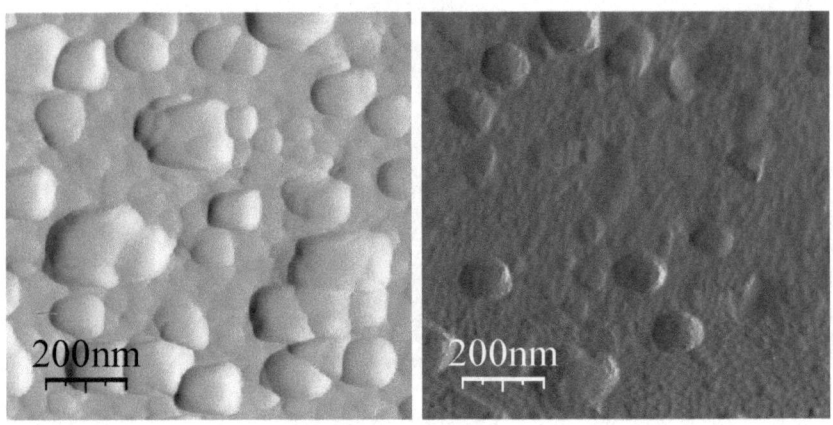

(a) Surface d'ITO nettoyée   (b) Surface de silane

Figure 13 : Images AFM des surfaces d'ITO et de silane.

III-2 Morphologie de la couche de l'acide phosphonique

Nous présentons dans les figures 14 et 15 les images AFM de la couche de l'acide phosphonique comparée à celles de la couche d'ITO nu pour deux grandissements (200nm et 1 µm). La couche d'acide phosphonique renferme des grains de taille presque uniforme mais plus grande que celles à la surface d'ITO. Ces grains sont aussi plus serrés et plus organisés dans la couche d'acide phosphonique. Ceci est plus clair et distinct pour le grandissement de 1µm (figures 15a et 15b). Ainsi, on remarque une augmentation de la rugosité de cette surface qui atteint une valeur de 203A° comparée à celle de la surface d'ITO (120 A°).

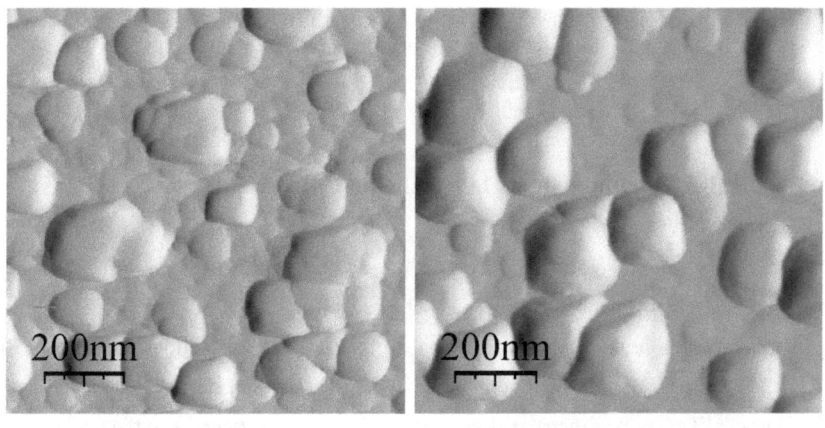

(a) Surface d'ITO nettoyée   (b) acide phosphonique

Figure 14 : Images AFM des surfaces d'ITO (a) et de la couche d'acide phosphonique (b) pour un grandissement de 200nm.

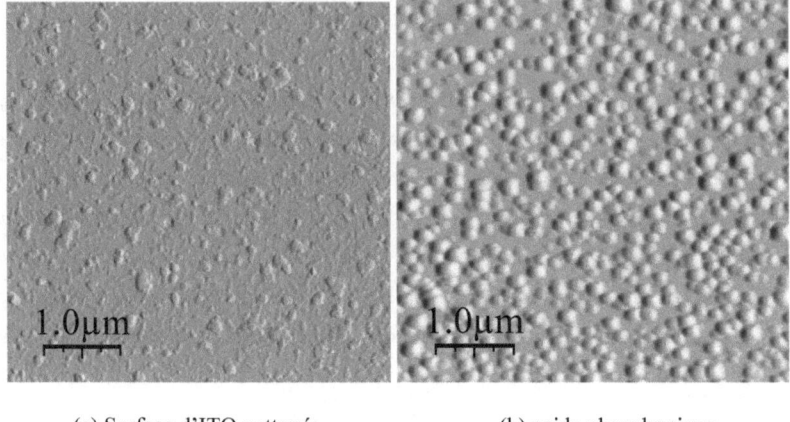

(a) Surface d'ITO nettoyée   (b) acide phosphonique

Figure 15 : Images AFM des surfaces d'ITO (a) et de la couche d'acide
phosphonique (b) pour un grandissement de 1μm.

III-3 Morphologie de la couche de Calixarène

La morphologie de la couche de calixarène déposée sur l'ITO est un peu particulière par rapport à celle des couches de silane et d'acide phosphonique. En effet, les molécules du calixarène se rassemblent pour former des agglomérations (voir figure 16). Ces dernières sont de la forme d'un cône où le sommet se ressemble au cratère d'un volcan. Elles sont dispersées d'une façon régulière sur toute la surface ; la figure 17 représente cette couche à deux et à trois dimensions pour une surface balayée plus grande que celle de la figure 16(100 μm^2). Nous notons que cette conformation est remarquée par MEB pour des dérivées de calixarènes sur l'ITO dans un autre travail au sein de notre laboratoire [17]. La rugosité de cette couche est de 183A°.

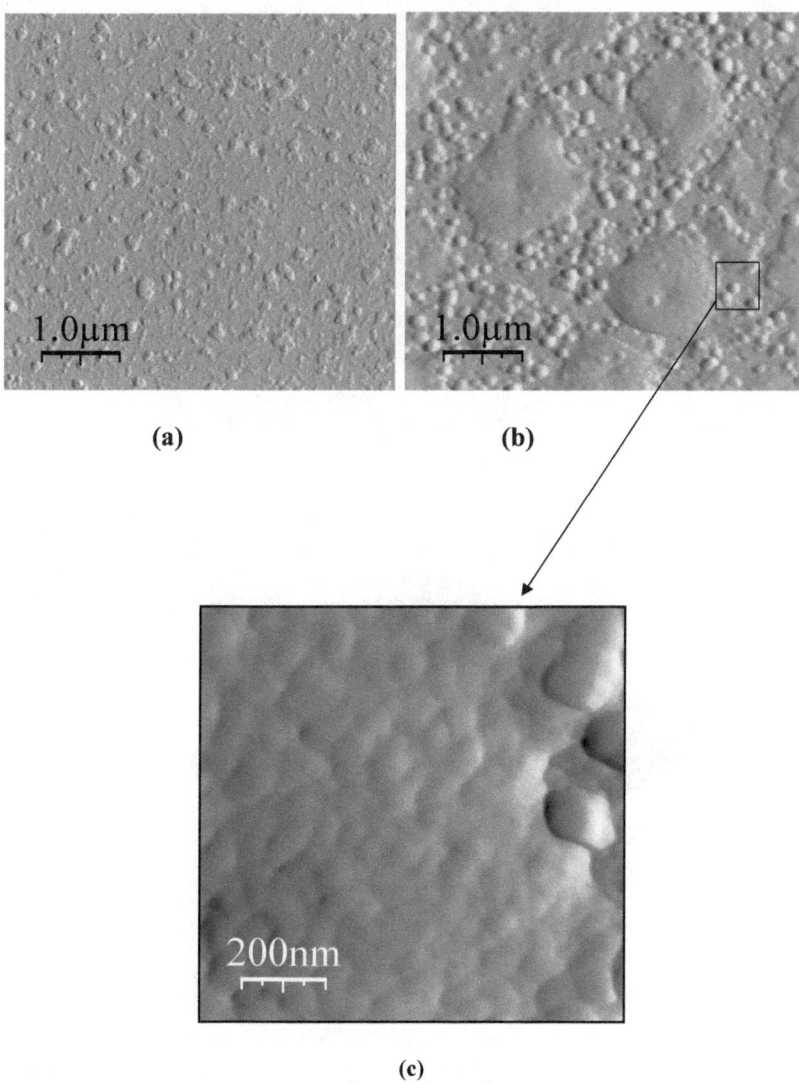

Figure 16 : Images AFM de la couche d'ITO **(a)** et la couche de calixarène **(b)** pour un grandissement de 5 µm et **(c)** pour un grandissement de 1 µm)

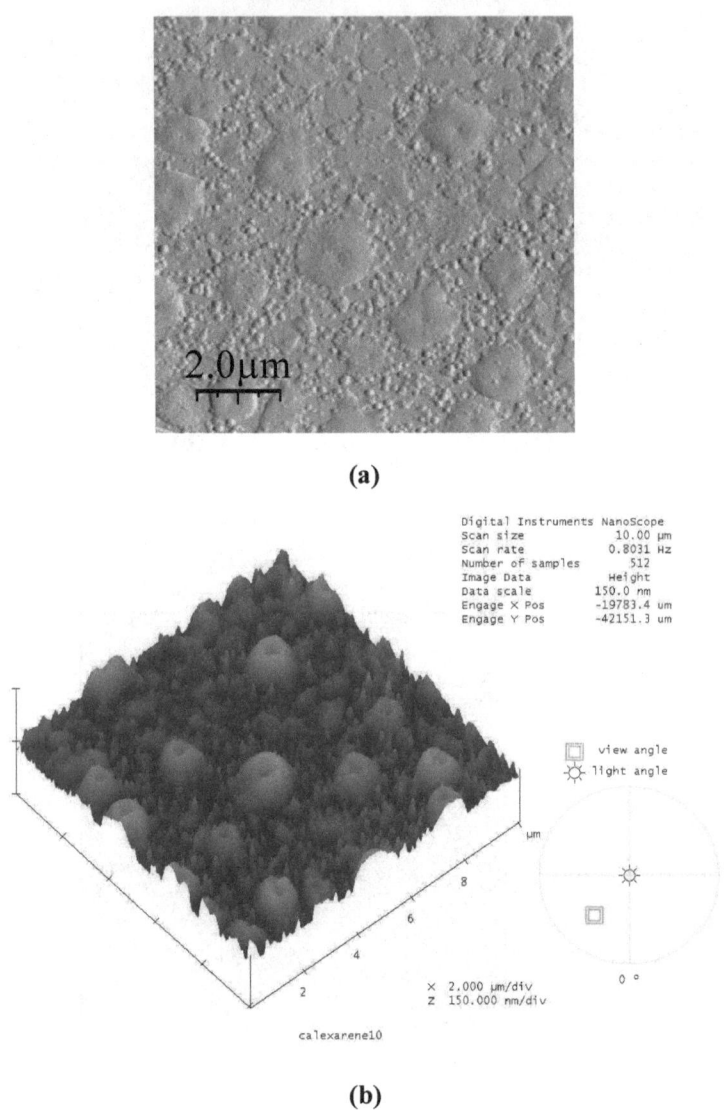

(a)

(b)

Figure 17 : Image AFM de la couche de calixarène montrant les agglomérations formées par les molécules de calixarène : **(a)** image à deux dimensions et **(b)** image à trois dimensions

Conclusion

Dans cette partie nous avons essayé d'étudier la morphologie des différentes couches d'alignement des molécules du cristal liquide sur la surface d'ITO. Chacune de ces couches a une structure différente et une valeur de rugosité distincte. Dans le tableau 2 nous rassemblons les valeurs de la rugosité de la couche d'ITO et des couches déposées sur l'ITO. On remarque que les couches déposées sont plus rugueuses que l'ITO. On pense que ce résultat est convenable avec les processus d'alignement des cristaux liquides. En effet, il est montré que plus la surface d'alignement est rugueuse plus le temps de réponse des molécules du cristal liquide est faible et que le contraste de la cellule d'affichage soit important [23].

Tableau 2 : Rugosité des couches déposées sur l'ITO.

Surface	ITO nettoyé (méthanol)	ITO + silane	ITO + Acide phosphonique	ITO + calixarène
Rugosité (A°)	**120**	**171**	**203**	**183**

IV-   Discussion

Aujourd'hui, bien que le comportement spécifique des cristaux liquides aux interfaces soit l'objet de nombreuses études, les mécanismes d'ancrage, sont encore mal compris. En effet, les méthodes de modification de surfaces et leur influence respective sur l'orientation des cristaux liquides sont bien connues, mais il n'en va pas de même pour les mécanismes sous jacents régissant ces phénomènes d'ancrage.

Dans cette partie, nous ne cherchons pas à expliquer ce mécanisme, qui nécessite une très large connaissance fondamentale des types d'interactions entre les molécules du cristal liquide et celles de la couche d'alignement, mais nous essayons de trouver une relation entre les caractéristiques de ces couches et l'orientation qu'elles favorisent.

Il est remarquable d'après notre étude de la mouillabilité des couches d'alignement que ni le caractère hydrophile-hydrophobe ni la valeur de l'énergie de surface n'ont d'influence sur le type d'orientation du cristal liquide. En effet, l'orientation homéotrope est obtenue par les couches de silane et de l'acide phosphonique qui sont respectivement hydrophobe et hydrophile et de valeurs éloignées d'énergie de surface. De même, les deux types d'orientation sont obtenus par deux couches hydrophobes, à savoir le silane et le calixarène qui confèrent les orientations homéotrope et planaire respectivement.

L'étude de la morphologie de la couche de calixarène par AFM montre une structure différente de celle des autres couches déposées. Cette structure présente des groupements de molécules du calixarène régulièrement répartis sur la surface de l'ITO. On pense que l'orientation planaire que confère cette couche aux molécules du cristal liquide, est due à ces groupements. La figure 18 montre la conformation des molécules du calixarène déposées sur le substrat d'ITO. Cette forme de cônes aide à orienter les molécules du cristal liquide parallèlement à la surface du substrat [14].

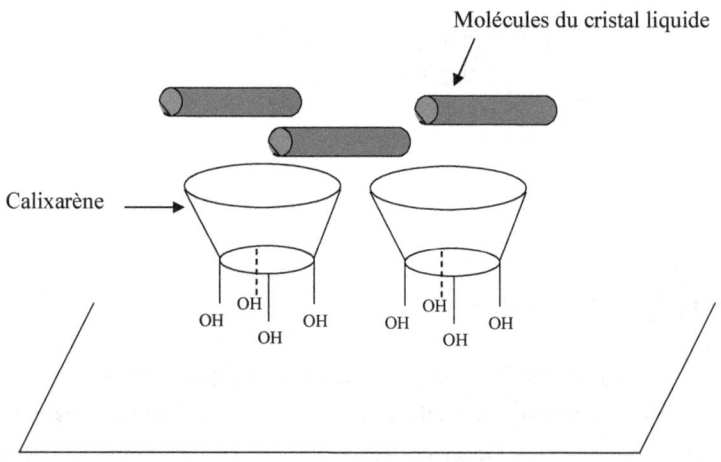

Figure 18 : Représentation schématique de la géométrie du calixarène déposé sur le substrat d'ITO et l'effet sur l'alignement du cristal liquide

L'orientation homéotrope favorisée par les couches de silane et de l'acide phosphonique peut être prévue à partir de la géométrie en forme de brosse des couches auto-assemblées. En effet, les molécules s'intercalent entre les longues chaines des molécules organisées sur la surface du substrat (voir figure 19). Cependant, cette manière d'expliquer les processus d'alignement des cristaux liquides n'est qu'une estimation et l'interaction entre les molécules du cristal liquide et celles de la couche d'alignement reste un terme essentiel dans l'interprétation.

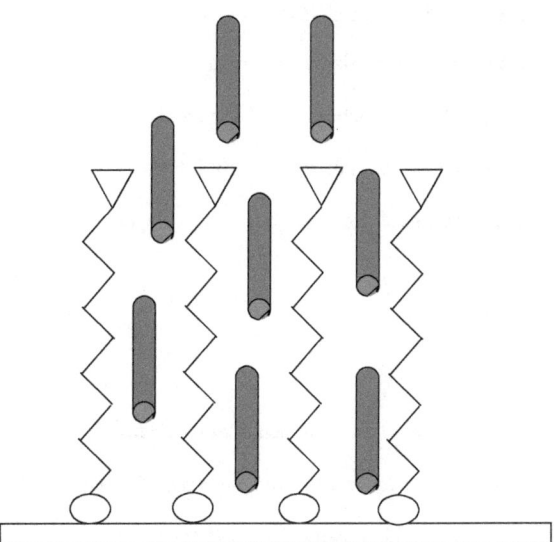

Figure 19 : Représentation schématique de l'orientation des molécules du cristal liquide par une couche auto-assemblée

BIBLIOGRAPHIE

[1] Écrans à cristaux liquides Livre blanc (Édité en mai 1998), http://fr.computers.toshiba- europe.com

[2] P. Oswald et P. Pieransky. « Les cristaux liquides, Concepts et propriétés physiques illustrés par des expériences ». Gordon and Breach Science Publishers (2000).

[3] J.P. Folkers, P.E. Laibinis and G.M. Whitesides, "Self-assembled monolayers of alkanethiols on gold: Comparisons of monolayers containing mixtures of short-chain and long-chain constituents with CH3 and CH2OH terminal groups," *Langmuir* 8, (1992) 1330.

[4] D. Li and O. Ramos Jr., "Molecular Self-Assemblies as Advanced Materials," in *PhotonicPolymer Systems - Fundamentals, Methods and Applications*, ed. D.L. Wise et al., Marcel Dekker, New York (1998).

[5] J.M. Tour et al., "Self-assembled monolayers and multilayers of conjugated thiols, alpha,omega-dithiols, and thioacetyl-containing adsorbates: Understanding attachments between potential molecular wires and gold surfaces," *J. Am. Chem. Soc.* 117, (1995) 9529.

[6] S.F.J. Appleyard, M.R. Willis Optical Materials 9 (1998) 120-124.

[7] J. B. Brozoska, I. Ben Azouz & F. Rondelez, Langmuir, 10 (1994) 4367.

[8] Thèse de doctorat à la faculté des sciences de Monastir et l'université Claude Bernard

Lyon1, Sonia Besbes «Interfaces polymère électroluminescent dérivé de PPV / ITO : Influence de la fonctionnalisation de surface sur les conditions de fonctionnement des dispositifs » (2004).

[9] Thèse de doctorat à l'université Claude Bernard - Lyon 1, Maria de los Angeles Hernandez- Perez « Propriétés structurales et optiques de films minces élaborés par dépôt par ablation laser de molécules organiques de type acides aminés, calix-arènes et protéines », (2005).

[10] J. Vicens, V. Böhmer, « Calixarenes : A versatile class of macrocyclic compounds, Kluber, Drodrecht (1991).

[11] Lavirk, N., Rossi, D., Kazantseva, Z., and Nobok, A., , Nanotechnology, 7, (1996) 315

[12] Hassan, A., Nabok, A,. Ray, A., David, F., and Stirling, C., , thin solid Films, 327-329, (1998) 686.

[13] Ichimura, K., Fujimaki, M., Matsuzawa, Y., and Hayashi, Y., , Matter, Sci, Eng., C8-9, (1999) 353

[14] S. peralta, F. Hapiot, Y. Barbaux and M. Warenghem, Liquid crystal, , Vol. 30, No. 4, (2003) 463-469.

[15] C.D. Gutsche, « Calixarenes Revisited », (RSC Cambridge 1998).

[16] L. Mandolini, R. Ungaro, « Calixarenes in action », (ICP London 2000).

[17] Thèse de doctorat à la faculté des sciences de Monastir et l'université Claude Bernard Lyon1, Ahlem Rouis « Réalisation des capteurs chimiques à base des nouveaux dérivés de calix[4]arène » (2006).

[18] D.Meyerhofer, J. Appl. Phys., 49, (1978) 3993.

[19] *Electron microprobe analysis: Merging of discoveries in physics, chemistry and*

microscopy, p. 19, département de géologie, université du Wisconsin-Madison.

[20] *Hitachi breaks SEM resolution barrier*, www.labtechnologist.com, 10 mars (2005).

[21] G. Binnig, C.F. Quate, and Ch. Gerber, "Atomic force microscope", Phys. Rev. Lett. 56(9) (1986) 930-933.

[22] Thèse présentée de Doctorat de l'Université Louis Pasteur Strasbourg 1. Raphaël Lévy « Interactions intra et intermoléculaires, conformation des polymères adsorbés, transitions de phases sous étirement : Que peut-on apprendre des mesures de force ? » (2002).

[23] Wan-Rone Liou and all. Displays 27 (2006) 69–72

CHAPITRE 4

CHAPITRE IV

PROPRIÉTÉS OPTIQUES ET DIÉLECTRIQUES DANS LA CELLULE A CRISTAL LIQUIDE

Introduction

Ce chapitre est consacré à l'étude des propriétés optiques et diélectriques des cellules à cristaux liquides. Nous présentons dans une première partie, les spectres de l'absorbance optique dans les domaines Ultra Violet et Visible ainsi que les spectres de photoluminescence des cristaux liquides et des couches d'alignement. Dans la deuxième partie, nous nous intéressons à une étude diélectrique réalisée par spectroscopie d'impédance. Cette étude dynamique est effectuée dans une large gamme de fréquence allant de 1 mHz jusqu'à 13MHz. L'analyse des spectres diélectriques est soutenue par une modélisation en termes de circuit électrique équivalent à la cellule. Cette modélisation nous a permi de dissocier les phénomènes électriques observés aux différentes interfaces.

I- Propriétés optiques des cellules à cristaux liquides

I- 1- Étude de l'absorbance. Spectroscopie UV-Visible

I- 1- 1- Aspect théorique [1] [2]

Lorsqu'un composé est exposé à des radiations lumineuses dans la région ultraviolette ou visible, il peut absorber une quantité spécifique d'énergie lumineuse. Dans ce cas, la molécule subit une excitation électronique, où certains électrons sont projetés de leur orbitale à l'état fondamental à une orbitale de niveau supérieur (état excité).

Pour un composé donné, l'énergie nécessaire à une excitation électronique doit correspondre à la différence d'énergie ΔE entre l'énergie de l'état fondamental et celle de l'état excité : $\Delta E = E_1 - E_0 = h.\nu = h.c/\lambda$ (équation de Planck), (figure 1).

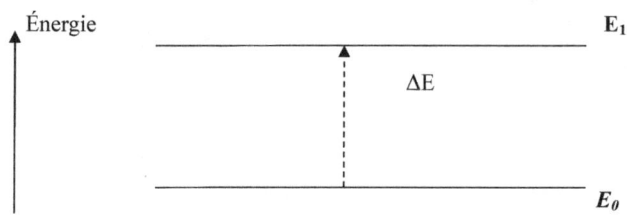

Figure 1 : Écart d'énergie entre l'état fondamental et l'état excité d'un composé.

L'équation de Planck montre qu'un composé spécifique ne peut être excité qu'à une fréquence ou à une longueur d'onde bien précise.

Les électrons les plus facilement excitables dans un composé sont les électrons π des doubles liaisons et les électrons n, c'est-à-dire les doublets d'électrons libres sur la couche périphérique des hétéroatomes (N, O, S). Ce sont donc les groupements fonctionnels dans un composé qui sont responsables de l'absorption de l'énergie lumineuse par le composé.

- Les composés qui ne contiennent que des groupements fonctionnels simples absorbent la lumière ultraviolette. C'est le cas de la majorité des composés organiques incolores.
- Les composés qui contiennent plusieurs groupements fonctionnels conjugués absorbent la lumière visible. Ces composés sont évidemment colorés.

Absorbance d'une solution

Lorsqu'un faisceau   lumineux traverse une cuvette contenant un composé en solution, l'intensité de la lumière incidente I_0 est diminuée si le composé absorbe une quantité de lumière I_A (figure 2).

$$I_0 = I_A + I$$

I_A: intensité de la lumière absorbée

I : intensité de la lumière transmise

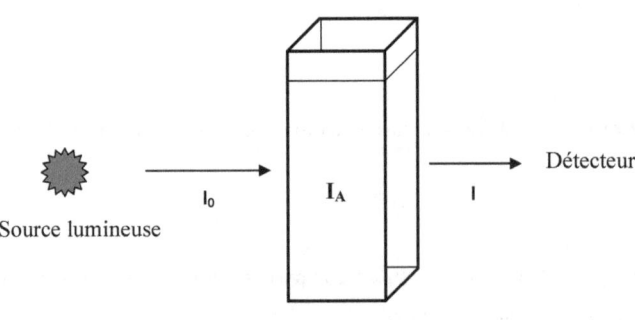

Cuvette contenant le composé

Figure 2 : Absorption et transmission d'un faisceau lumineux.

L'absorbance mesure la capacité d'un milieu (composé) à absorber la lumière qui le traverse. On l'appelle également densité optique ou extinction. Il s'agit d'une grandeur sans unité donnée par la relation [2] :

$$A_\lambda = \log_{10}(\frac{I_0}{I})$$

L'absorbance diffère selon la nature de l'élément et selon la longueur d'onde sous laquelle il est étudié.

Le spectre d'absorption ultraviolet ou visible est caractéristique d'un composé. Il est obtenu en mesurant l'absorbance d'une solution à différentes longueurs d'onde dans la région ultraviolette ou visible comme la montre l'exemple suivant (figure 3) :

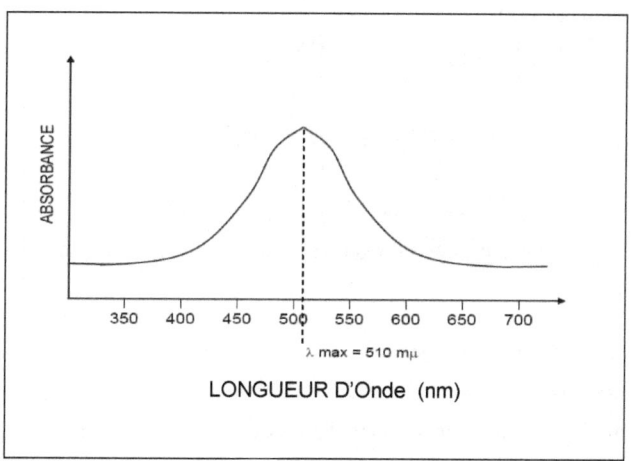

Figure 3 : Exemple de spectre d'absorbance optique dans le visible

D'une manière générale, le spectre d'absorption ultraviolet ou visible d'un composé est relativement simple. On y retrouve habituellement une ou deux bandes d'absorption maximale. On note aussi que la mesure de l'absorbance peut se réaliser sur couche mince.

Énergie du gap

Dans les matériaux organique, la liaison π dans une molécule est divisée en deux bandes π et π* (analogues à la bande de conduction et la bande de valence dans les semi-conducteurs inorganiques). La différence d'énergie entre l'état occupé appelé HOMO (Highest Occupied Molecular Orbital) ou niveau de conduction dans la bande π, et l'état inoccupé appelé LUMO (Lowest Unoccupied Molecular Orbital) ou niveau de valence dans la bande π*, est la largeur de la bande interdite (ou gap d'énergie) π-π* : E_g. Elle correspond à l'énergie nécessaire pour amener un électron du haut des états HOMO vers le bas des états LUMO.

A partir des spectres d'absorption, on peut déduire l'intervalle entre les niveaux HOMO et LUMO des molécules en prenant la longueur d'onde correspondante soit à la mi-hauteur du pic d'absorption d'énergie la plus basse [3], soit au pied de la bande [4]. La longueur d'onde du gap λ_{Eg} nous permet de calculer l'énergie du gap E_g en appliquant la formule suivante [7] :

$$Eg = hc/\lambda_{Eg} = 12398/\lambda_{Eg}$$

h est la constante de Planck, c est la célérité de la lumière et E_g est exprimé en eV et λ_{Eg} est en A°.

Selon la valeur de la bande interdite, on peut distinguer si le composé est un isolant (ayant une large bande interdite > 3.5 eV) ou un semi-conducteur (bande suffisamment étroite pour que la simple excitation thermique des électrons puisse provoquer un saut de la bande de valence à la bande de conduction, de l'ordre de 2.7 pour le PPV par exemple) ou un métal (bande interdite pratiquement nulle pour une bande de valence partiellement occupée) [5]

I-1- 2- Appareillage :

Dans notre travail, L'appareil de mesure utilisé est un spectrophotomètre UVIKON941Plus (figure 4). Les mesures sont réalisées dans le Laboratoire de Matériaux Polymères et Biopolymère de l'Université Claude Bernard de Lyon. Il comporte deux lampes à l'iodure de tungstène (WI) et au Deutérium (D2) changeant automatiquement pour couvrir la gamme de 190 à 1100 nm. La lumière émise par la lampe est dispersée par un réseau pour passer ensuite par une fente qui permet de sélectionner une longueur d'onde variable avant d'arriver sur l'échantillon. Celui-ci transmet la lumière qui est détectée par une cellule photoélectrique et analysée à l'aide d'un microprocesseur intégré. Par la suite les spectres sont traités à l'aide d'un micro-ordinateur. L'acquisition de ces spectres se fait par l'intermédiaire d'une carte d'interface RS232.

Notre étude est réalisée sur des solutions de nos composés. Les solutions sont mises dans des cuves longues en quartz de 1 cm et de contenance 3 ml. La solution référence étant le solvant pur du composé.

Figure 4 : Dispositif expérimental de la spectrophotométrie UV-Visible

I- 1- 3- **Mesures :**

Les spectres d'absorption des composés ont été enregistrés dans le domaine UV visible. La figure 5 représente les spectres d'absorbance des cristaux liquides; le 5CB et le 6CB. Les mesures sont effectuées en solutions dans le chloroforme, ce solvant est utilisé comme référence. Les spectres d'absorption normalisée de ces deux molécules sont présentés dans la même figure. S'étalant dans le domaine ultraviolet, les bandes d'absorbances des deux cristaux liquides sont parfaitement confondues avec un maximum de 281 nm. Ces bandes correspondent à la transition π-π* [5].

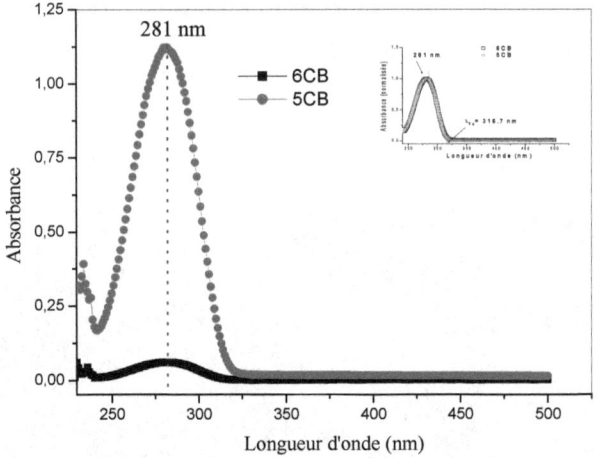

Figure 5 : Spectre d'absorbance des cristaux liquides 5CB et 6CB en solution de chloroforme

Les spectres d'absorbance de l'acide phosphonique, du calixarène, et du silane sont représentés dans les figures 6a, 6b, et 6c. Les mesures sont réalisées en solution et les solvants références sont un mélange (70% de chloroforme+30% de méthanol) pour l'acide phosphonique, le chloroforme pour le calixarène, et l'isopropanol pour le silane.

Dans ces composés, les bandes d'absorption principales dans l'UV correspondent aux transitions π-π* dans les molécules. On remarque l'apparition d'un pic secondaire dans la même bande d'absorption pour le calixarène et le silane. Les valeurs des longueurs d'ondes correspondant aux différentes bandes d'absorbance sont présentées dans le tableau1.

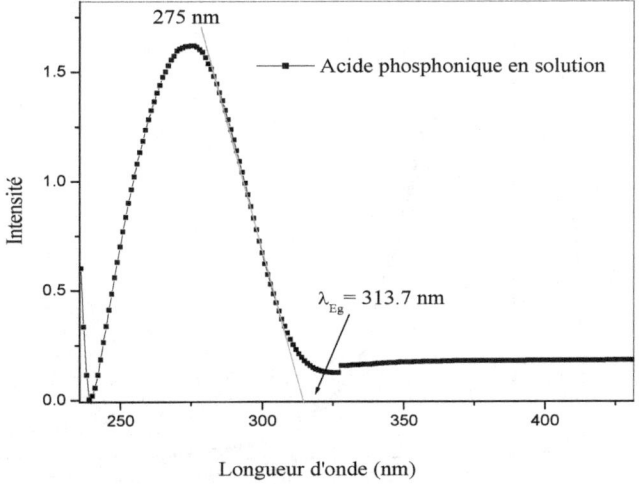

Figure 6a : Spectre d'absorbance de l'acide phosphonique en solution.

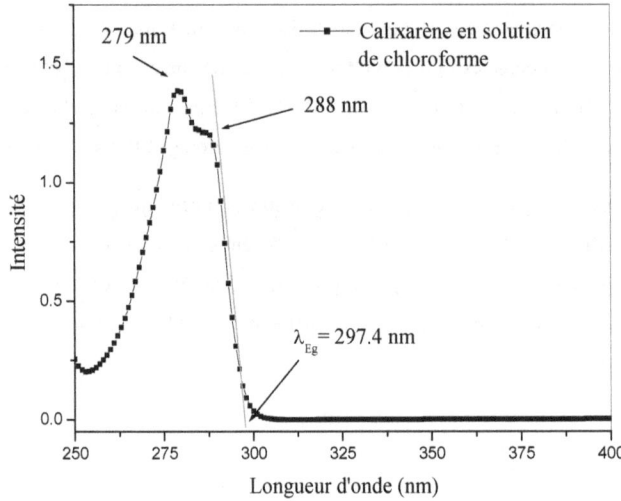

Figure 6b : Spectre d'absorbance du calixarène en solution.

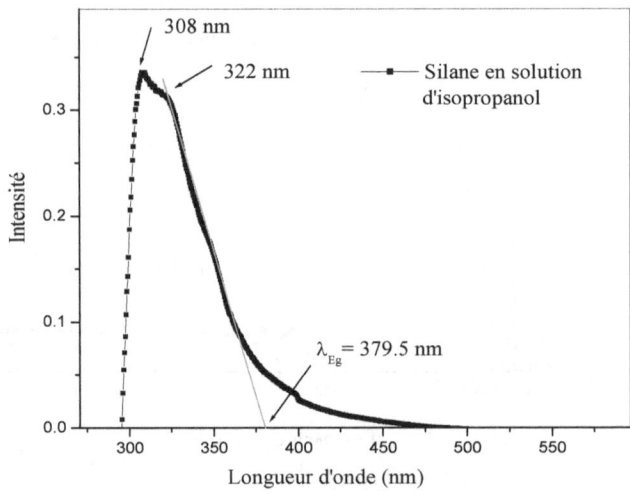

Figure 6c : Spectre d'absorbance du silane en solution.

Tableau1 : bandes d'absorption, λ_{Eg} et E_g des cristaux liquides (5CB et 6CB) et des couches d'alignement.

Composé	5CB-6CB	calixarène	acide phosphonique	silane
bande d'absorbance (nm)	281	279 288	275	308 322
λ_{Eg} (nm)	316.0	297.4	313.7	379.5
E_g (ev)	3.92	4.16	3.95	3.26

Dans ce tableau, nous avons représenté les valeurs de λ_{Eg} ainsi que les énergies du gap correspondantes. Les bandes interdites sont de l'ordre de 4 eV ce qui confère aux composés le caractère d'un isolant. Ce résultat convient avec ce que nous désirons obtenir pour les couches d'alignement dans la cellule à cristal liquide. En effet, en plus de son rôle d'orientation des molécules du cristal liquide, les couches d'alignement représente une couche isolante entre l'électrode et le volume de la cellule bloquant ainsi le transfert de charges [6].

I- 2- Photoluminescence

I- 2-1 Principe de la technique et appareillage

La photoluminescence (PL) est une méthode de spectroscopie avec laquelle il est possible d'analyser des matériaux semi-conducteurs ou isolants. Le principe est d'exciter des électrons de la bande de valence de telle sorte qu'ils se retrouvent dans la bande de conduction. Après un certain temps, l'électron se recombine et retourne dans la bande de valence avec émission d'un phonon, d'un photon ou dans certains cas d'un électron Auger. La PL s'intéresse au cas d'un photon émis. On la nomme aussi fluorescence lorsque l'effet cesse en même temps que l'excitation (cet effet est visible à la lumière) et phosphorescence lorsque l'effet persiste après l'excitation mais uniquement dans l'obscurité. Les longueurs d'ondes d'excitation correspondent aux principales bandes d'absorption composant le spectre d'absorption.

Les mesures sont réalisées dans le Laboratoire de Matériaux Polymères et Biopolymère de l'Université Claude Bernard de Lyon. L'appareil de mesure utilisée dans notre étude est un spectrographe (JOBIN YVON-SPEX Spectrum One, CCD detector). La figure 7 présente la photographie du dispositif expérimental de la technique de photoluminescence.

Les raies d'excitation sont sélectionnées par un monochromateur placé entre une lampe à hydrogène présentant un spectre d'émission large et la cellule contenant le composé à étudier.

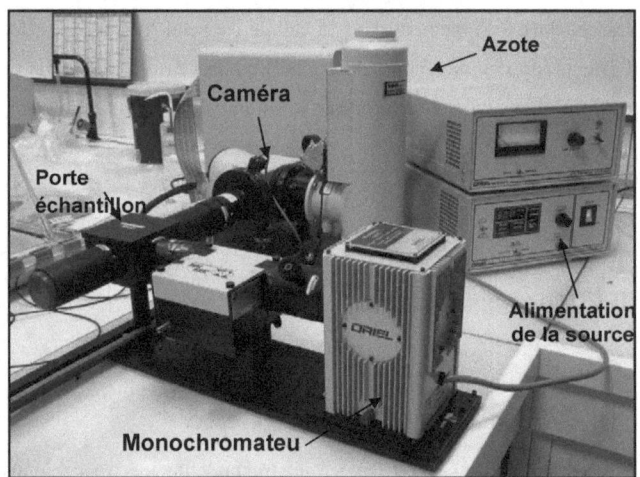

Figure 7 : photographie du dispositif expérimental de la photoluminescence

I-2-2 Mesure :

La cellule contenant le composé d'étude est exposée à la longueur d'onde d'excitation correspondant au maximum de la bande d'absorption. Nous avons étudié la photoluminescence des cristaux liquides ainsi que celle des couches d'alignement. Ces dernières n'émettent ni en solution ni en couches minces. Nous présentons dans le paragraphe suivant les résultats obtenus pour les cristaux liquides, le 5CB et le 6CB.

Spectres de photoluminescence des cristaux liquides

Les spectres de photoluminescence du 5CB et du 6CB sur verre spectrosil (Figures 8a) montrent deux pics principaux situés à 382 nm et 744 nm pour le 5CB et 388 nm et 752 nm pour le 6CB. Les autres pics correspondent à la réflexion diffuse de l'excitation à 282 nm et le pic à 564 nm au $2^{\text{ème}}$ ordre du réseau. On remarque un décalage d'environ 7 nm vers le rouge entre les pics d'émission du 5CB et du 6CB. Ceci est également remarquable dans les spectres de ces éléments en solution de chloroforme (figure 8b). La longueur de la chaîne influence donc la photoluminescence de la molécule ; plus la chaîne est longue, plus le pic d'émission se décale vers les plus grandes longueurs d'ondes. Ce résultat est obtenu dans un travail antérieur au sein de notre laboratoire [7].

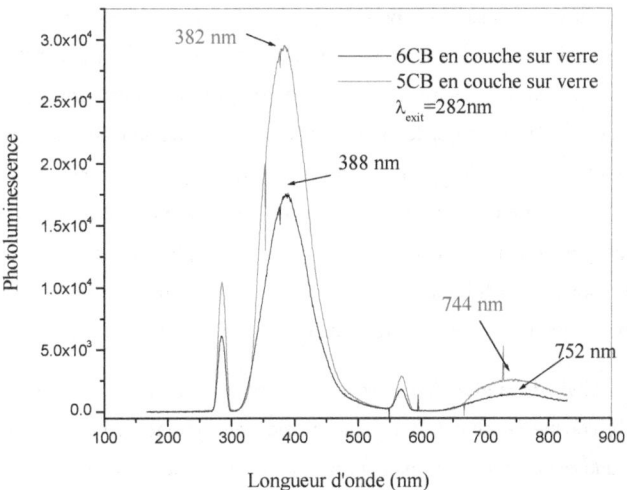

Figure 8a : Spectres de photoluminescence du 5 CB et du 6CB en couche sur verre.

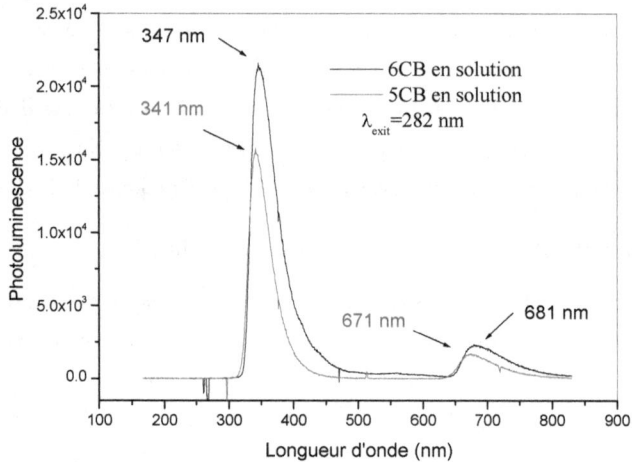

Figure 8b : Spectres de photoluminescence du 5 CB et du 6CB en solution de chloroforme.

De même la comparaison des pics d'émission des cristaux liquides montre un décalage, de 41 nm pour le premier pic et d'environ 72 nm pour le deuxième, entre les spectres en couche sur du verre spectrosil et ceux en solution de chloroforme (figures 9a et 9b). Vérifié pour le 5CB et pour le 6CB, ce décalage vers les plus grandes longueurs d'ondes est donc obtenu lorsqu'on passe du spectre de photoluminescence de chaînes isolées (en solution) à des chaînes en interaction (en couche). Ceci est dû à l'étalement de l'exciton sur plusieurs chaînes voisines dans la phase plus dense. Ce déplacement est caractéristique de la formation d'un excimère correspondant à un état excité impliquant deux chromophores voisins sur deux chaînes distinctes [8].

L'étude de la photoluminescence des couches d'alignement des cristaux liquides à savoir la couche de silane, la couche d'acide phosphonique et la couche de calixarène montre que ces composés n'émettent pas. Ce résultat est obtenu aussi sur des solutions de chloroforme en ces composés.

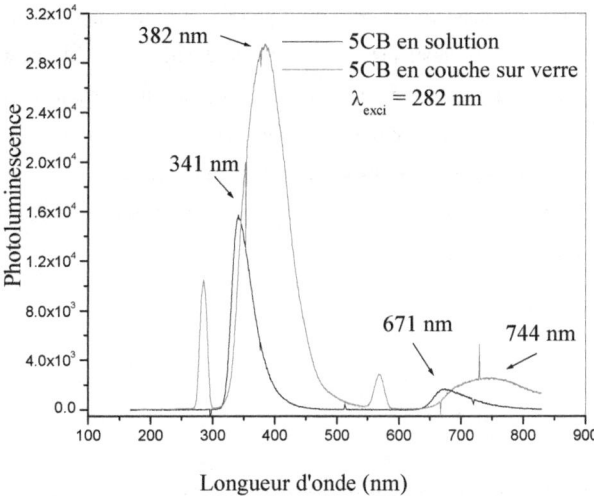

Figure 9a : Comparaison entre les spectres de photoluminescence du 5CB en solution et en couche sur verre.

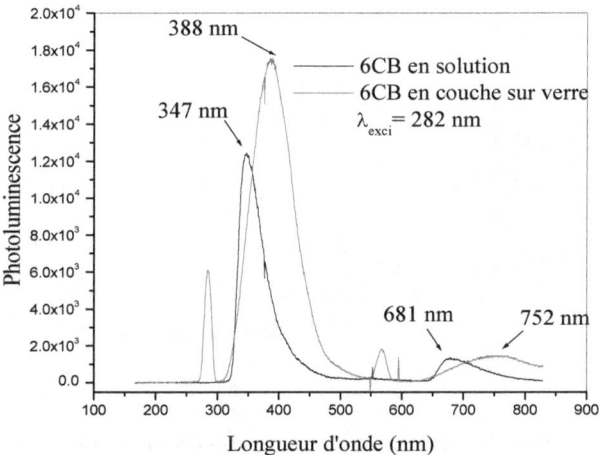

Figure 9b : Comparaison entre les spectres de photoluminescence du 6CB en solution et en couche sur verre.

Par ailleurs nous nous somme proposés de chercher l'influence de ces couches sur les spectres d'émission des cristaux liquides. Pour cela, nous avons déposé les cristaux liquides par simple étalement, d'une part sur le verre, l'ITO et l'acide phosphonique pour le 6CB et d'autre part sur le verre, l'ITO et le calixarène pour le 5CB. La figure 10 présentant ces spectres, montre qu'avec ou sans couche d'alignement, les longueurs d'ondes correspondant aux pics d'émission ne changent pas de valeurs. Dans la cellule entière, seules les molécules du cristal liquide contribuent donc à la photoluminescence.

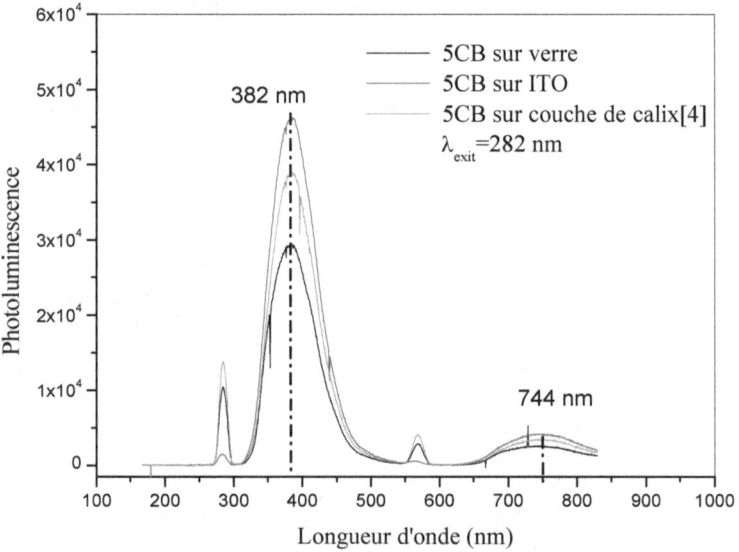

Figure10a : Spectres de photoluminescence du 5CB sur différents substrats.

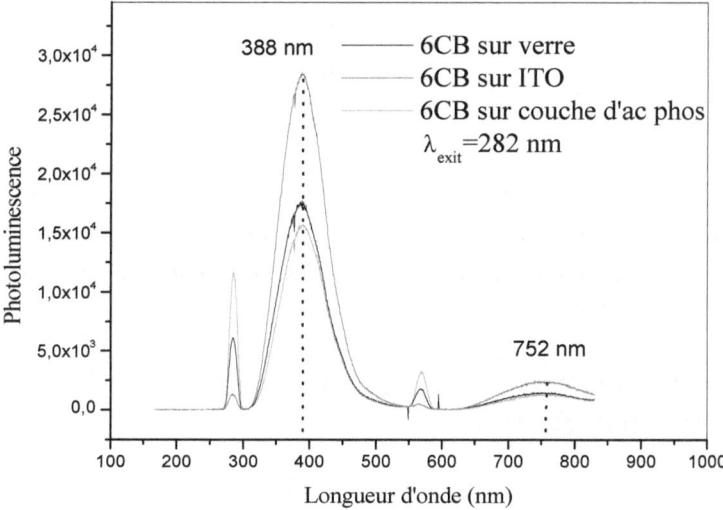

Figure10b : Spectres de photoluminescence du 6CB (b) sur différents substrats.

II-   Propriétés diélectriques des cellules à cristaux liquides

II- **1**- Rappel théorique : Origine moléculaire de la polarisation

Pour mettre en évidence le phénomène de polarisation, il suffit de réaliser une expérience simple sur un condensateur où un matériau diélectrique est placé entre ses armatures. La permittivité totale ε_t d'un diélectrique se manifeste par l'augmentation de la capacité d'un condensateur que l'on constate lorsque l'espace entre les électrodes, initialement vide, est rempli d'un isolant condensé. Cette augmentation est liée à l'aptitude du matériau à se polariser dans un champ, à cause des déplacements en sens opposés des charges positives et négatives.

$$\varepsilon_r = \frac{C}{C_0}\varepsilon_0$$

Où C est la capacité du condensateur rempli d'un matériau diélectrique, C_0 la capacité géométrique (ou capacité du condensateur vide) et ε_0 la permittivité du vide.

Du point de vue macroscopique, la polarisation $\vec{P}$ d'un matériau linéaire et isotrope est reliée au champ électrique extérieur appliqué $\vec{E}$ et au déplacement électrique $\vec{D}$, dans le cas des faibles champs appliqués, par les relations suivantes :

$$\vec{P} = \varepsilon_0 \chi \vec{E}$$

$$\vec{D} = \varepsilon_0 \varepsilon \vec{E} = \vec{P} + \varepsilon_0 \vec{E}$$

Où ε est la permittivité relative (ou constante diélectrique) du matériau et χ la susceptibilité diélectrique du matériau ($\varepsilon = 1 + \chi$).

Ces équations montrent que le déplacement électrique naît de la contribution du vide ou de la contribution géométrique ($\varepsilon_0 \vec{E}$ et de la contribution de la polarisation du matériau $\vec{P}$.

Cette polarisation peut provenir de quatre types de mécanismes de polarisation : électronique, ionique (ou atomique), dipolaire et inter-faciale (ou de charge d'espace).

-   La polarisation électronique : elle est due à la déformation du nuage électronique entourant chaque atome. Cet effet est relativement peu intense et a un temps d'établissement très court (environ 10^{-15}s)

-   La polarisation ionique ou atomique : elle est due à la distorsion par le champ électrique de l'arrangement atomique d'une molécule. L'inertie des masses mises en jeu augmente le temps de manifestation d'un facteur 10^3 à 10^4 par rapport à la polarisation électronique.

- La polarisation dipolaire ou d'orientation dipolaire : si les molécules soumises au champ électrique possèdent un moment dipolaire permanent, elles ont tendance à s'orienter suivant le sens de ce champ. Le temps d'établissement est beaucoup plus important que lors du phénomène de polarisation précédemment cité et varie entre 10^{-9} et 10^5 s en raison de la grande diversité des dipôles impliqués et de leurs environnements moléculaires.

- La polarisation inter-faciale ou par charge d'espace : elle est due à la présence dans le matériau de porteurs de charges (électronique ou ionique) en excès. Ces charges peuvent être intrinsèques au matériau ou injectées par les électrodes au cours de l'application du champ. Cette polarisation provient de l'accumulation de ces charges aux interfaces entre deux phases qui ont des permittivités et des conductivités différentes. Ce mécanisme induit un moment dipolaire macroscopique dont le temps d'établissement est long ($>10^3$ s).

Lorsqu'on soumet le matériau à un champ électrique dynamique, les différents types de polarisation apparaissent successivement. Pour les temps courts les entités les plus légères arrivent à suivre le champ. En fonction du temps, les entités les plus lourdes auront le temps de réagir à la présence du champ électrique.

II-2- Résultats expérimentaux : Étude par spectroscopie diélectrique

II-2 -1- Étude de la conductance :

La mesure de la conductance G des différents échantillons, a été effectué dans une gamme de fréquence comprise entre 5Hz et 13 MHz à température ambiante et sous une polarisation de 2V. Les cellules d'étude sont les suivantes : (ITO/ cristal liquide/ITO),

(ITO/couche d'alignement/ cristal liquide/couche d'alignement/ITO), sachant que le cristal liquide est le 5CB ou le 6CB et les couches d'alignement sont le silane, l'acide phosphonique et le calix[4]arène). Sur les figures 11 et 12, nous avons porté les spectres de la conductance de ces cellules en mode logarithmique et linéaire. Ces spectres présentent trois régions différentes suivant le domaine de la fréquence : une première région (à faibles fréquences) où la conductance varie peu avec la fréquence. Au niveau des fréquences moyennes, on observe une augmentation importante de la conductance. Celle-ci suit une loi de puissance en fonction de la fréquence : G_{ac} du type ω^S , s est appelé l'exposant critique.

$$G_{ac} \propto \omega^S$$

La valeur de s peut être déterminée à partir de la pente à la courbe de G en fonction de la fréquence en mode logarithmique.

Ce comportement est attribué à la résistance des contacts au niveau des électrodes [9]. Dans notre mesure s est de l'ordre de 1.9 pour tous les échantillons.

La conductance dans les deux régions ainsi décrites peut être alors représentée par la superposition de deux composantes, une continue G_{dc} et l'autre alternative :

$$G(\omega) = G_{dc} + G_{ac}(\omega)$$

Une troisième région est observée aux plus hautes fréquences (plus nette dans la représentation linéaire (figures 11b et 12 b), la conductance se stabilise et devient peu dépendante de la fréquence. Cette stabilisation est remarquable pour les cellules contenant les couches d'alignement. Cependant, dans cette région de fréquences, la conduction dans les cellules sans couche d'orientation (ITO-cristal liquide-ITO), est moins stable. Nous attribuons cet effet au blocage des charges dû aux couches d'alignement [6]. Ces couches forment une barrière qui empêche le déplacement des charges injectées à partir des électrodes vers le volume de la cellule.

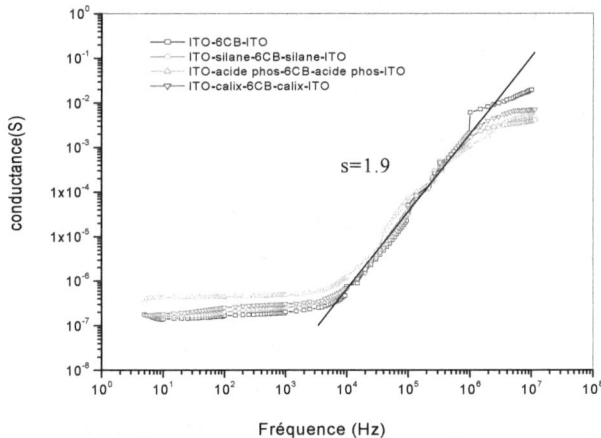

Figure 11a : Spectres de la conductance des cellules à cristal liquide (6CB) en représentation logarithmique.

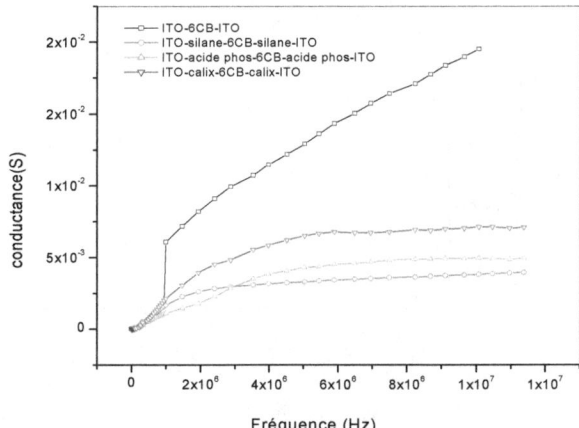

Figure 11b : Spectres de la conductance des cellules à cristal liquide (6CB) en représentation linéaire.

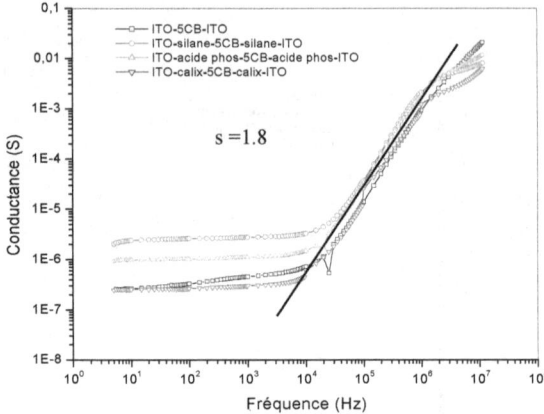

Figure 12a : Spectres de la conductance des cellules à cristal liquide (5CB) en représentation logarithmique.

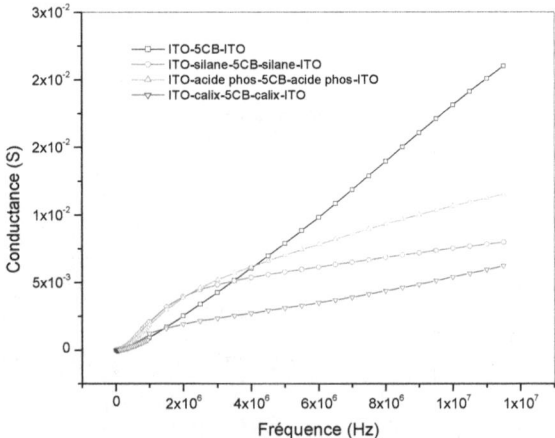

Figure 12b : Spectres de la conductance des cellules à cristal liquide (5CB) en représentation linéaire.

II-2 -2- Mise en évidence du phénomène de blocage des charges

Les mesures diélectriques sont effectuées dans le but d'obtenir des informations supplémentaires à propos du comportement des porteurs de charges et de l'effet du blocage dû aux couches isolantes d'alignement. Dans cette partie, les résultats expérimentaux seront discutés en termes de circuits électriques équivalents. Pour cela, nous commençons ce paragraphe par un calcul des grandeurs associées à ces circuits équivalents.

Un simple circuit électrique formé d'une résistance R en série avec une capacité C admet une impédance électrique de la forme suivante :

$$Z_S(\omega) = R - \frac{j}{\omega C} = Z_S^{'} + jZ_S^{''}$$

$$(1)$$

L'expression de l'admittance de ce circuit est alors donnée par :

$$Y_S(\omega) = \frac{1}{Z_S(\omega)} = \frac{1}{R(1 - \frac{j}{\omega RC})} \qquad (2)$$

D'un autre côté, un circuit électrique parallèle (R//C) admet une admittance de la forme

$$Y_p(\omega) = \frac{1}{R}(1 + j\omega RC) = G_p + j\omega C_p = Y_p^{'} + jY_p^{''} \qquad (3)$$

A partir de ces équations nous obtenons l'équation suivante :

$$(G_p - \frac{1}{2R})^2 + (\omega C_p)^2 = (\frac{1}{2R})^2$$

ou encore $$(Y_p' - \frac{1}{2R})^2 + (Y_p'')^2 = (\frac{1}{2R})^2 \qquad (4)$$

C'est l'équation d'un demi-cercle de diamètre $\frac{1}{R}$.

Le demi-cercle représente une capacité barrière qui, dans notre étude, bloque l'injection des charges de l'électrode vers le volume de la cellule. Ainsi, la cellule de mesure peut être modélisée comme un circuit résistance-capacité en série [10][11]

De la même façon, on peut monter qu'un circuit RC en parallèle donne un demi-cercle dans le plan complexe de l'impédance Z_S^* (Z_S^* est le complexe conjugué de Z_S). Ce demi-cercle est d'équation :

$$(Z_S' - \frac{R}{2})^2 + (-Z_S'')^2 = (\frac{R}{2})^2 \qquad (5)$$

Ce résultat est indicatif de l'absence de la barrière bloquante des charges injectées à partir des électrodes. Dans ce cas la cellule sera équivalente à un circuit électrique RC parallèle.

Résultat expérimental

Nous avons effectué les mesures des paramètres diélectriques dans une large gamme de fréquences allant de 1mHz jusqu'à 13 MHz. Dans ce travail nous avons utilisé deux analyseurs d'impédance : le Voltalab (PGZ 301) (figure 13) qui balaye l'intervalle

[1mHz-100KHz] et le HP A4192 pour l'intervalle [5Hz-13 MHz] (figure 13 du chapitre 2). Les mesures sont effectuées sans polarisation. Les figures 14 et 15 présentent les spectres de l'admittance dans le plan de Nyquist des différentes cellules contenants les couches d'alignement. Ces spectres sont des demi-cercles presque parfaits. En effet, la pente à la partie linéaire de ces cercles dans la représentation logarithmique est de l'ordre de 0.5 pour tous les spectres. De ce fait nous pouvons confirmer le résultat obtenu à partir des spectres de la conductance à hautes fréquences. Les couches d'alignement forment donc bien une barrière isolante dans la cellule à cristal liquide. Cela nous permet d'associer à cette cellule un circuit équivalent formé d'une résistance en série avec une capacité qui représente la barrière isolante. Ce résultat est obtenu dans d'autres travaux utilisant des polyamides comme couches d'alignement [10] [12].

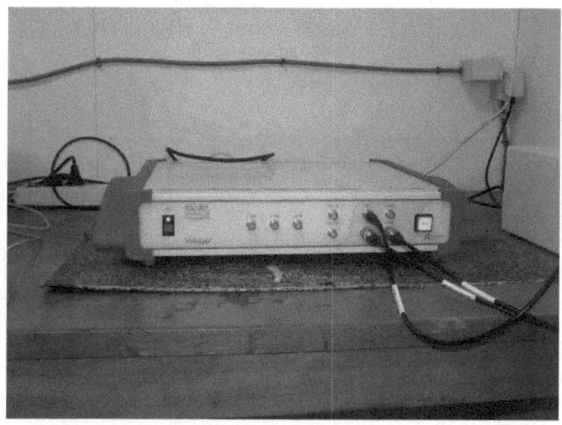

Figure 13 : Photographie de l'analyseur d'impédance (le Voltalab) : gamme de fréquence [1mHz-100KHz]

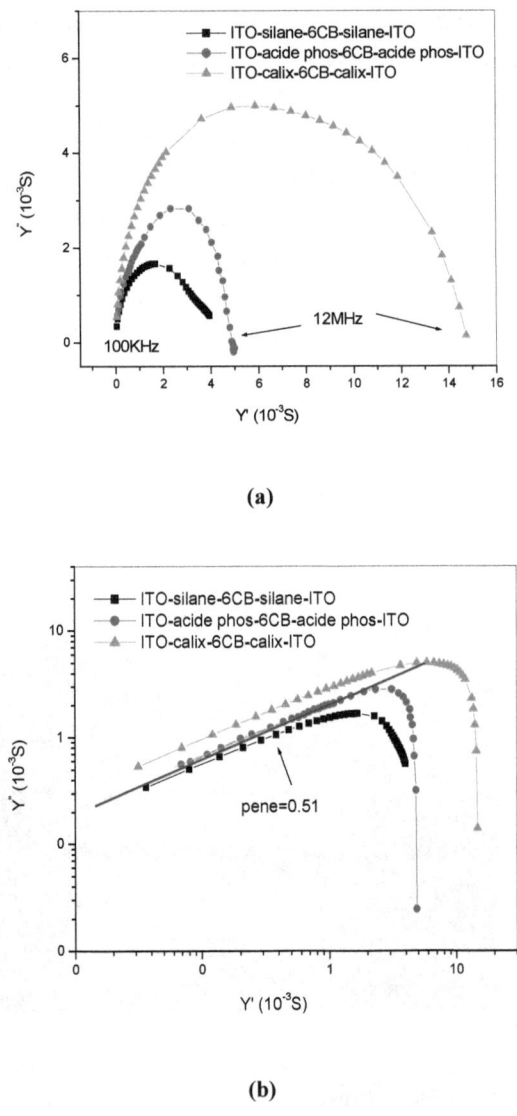

(a)

(b)

Figure 14 : spectres de l'admittance dans le plan de Nyquist des différentes cellules du cristal liquide le 6CB, polarisation=0V ; (a) représentation linéaire, (b) représentation logarithmique.

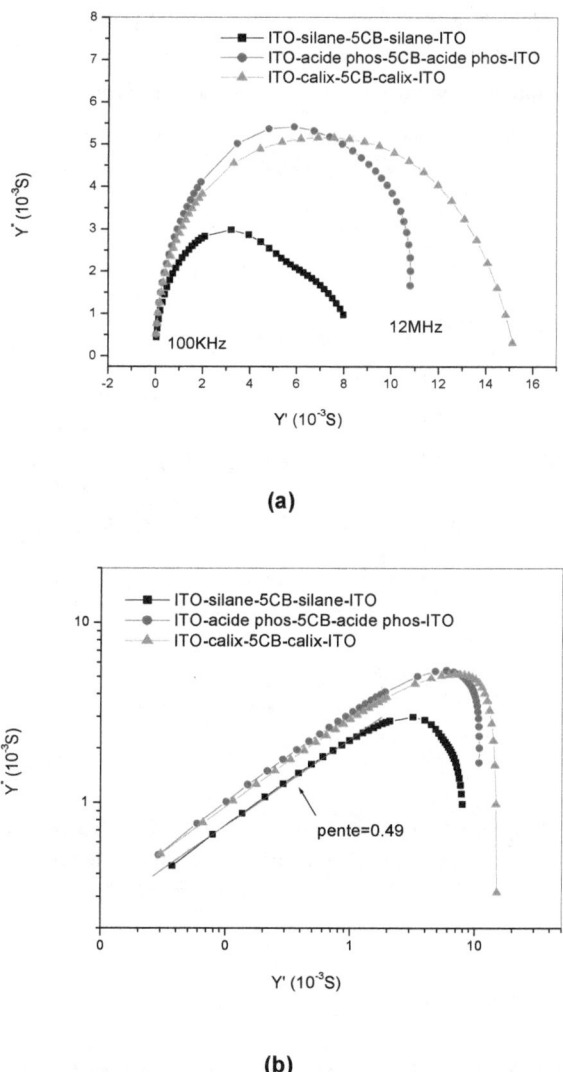

(a)

(b)

Figure 15 : spectres de l'admittance dans le plan de Nyquist des différentes cellules du cristal liquide le 5CB, polarisation=0V : (a) représentation linéaire, (b) représentation logarithmique.

Par ailleurs, nous avons étudié l'effet de la polarisation sur les spectres d'admittance. Nous citons comme exemple le cas de la cellule de calixarène Dans la figure 16 nous représentons dans le diagramme de Nyquist les spectres d'admittance de cette cellule pour différentes valeurs de polarisation, à savoir 0V, 1V, 2V et 3V. Nous remarquons que la forme des spectres est toujours un demi-cercle ; le blocage persiste donc avec et sans polarisation. Cependant, nous observons une légère diminution de la conductance (Y') au fur et à mesure que la polarisation augmente.

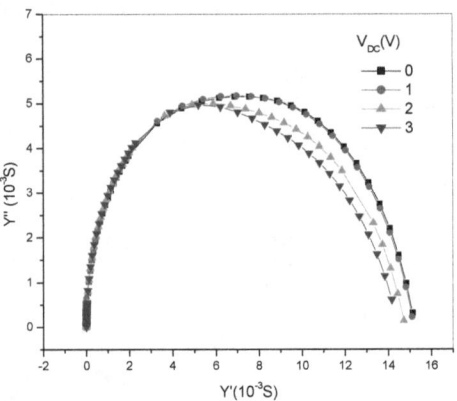

Figure16 : Influence de la polarisation sur les spectres de Nyquist de l'admittance dans la cellule ITO-calixarène-6CB-calixarène-ITO.

On note que la mesure de l'admittance dans la gamme de fréquences allant de 1mHz jusqu'à 100KHz ne donne pas des spectres de la forme d'un demi-cercle. Dans cette région, la barrière bloquante est donc absente ce qui nous a mené à effectuer une étude de mesure d'impédance. Ce travail sera l'objet de la partie suivante.

II-2 -3- Comportement diélectrique à basses et moyennes fréquences

Nous avons entrepris les mesures d'impédance en fonction de la fréquence, pour les différentes cellules étudiées auparavant. Ce travail est effectué dans la gamme de fréquence allant de 1mHz jusqu'à 100KHz et sous une polarisation de 2V superposée à la tension alternative d'amplitude 100mV. Nous avons choisi de travailler sous polarisation dans le but d'éviter le phénomène de diffusion des ions dans la cellule qui risque de cacher plusieurs autres phénomènes. Nous représentons dans la figure 17 le Nyquist de l'impédance d'une des cellules à cristal liquide sans appliquer une polarisation (0V). On remarque, à basses fréquences, l'apparition d'une droite qui représente la diffusion ionique dite diffusion de Warburg [5] [6].

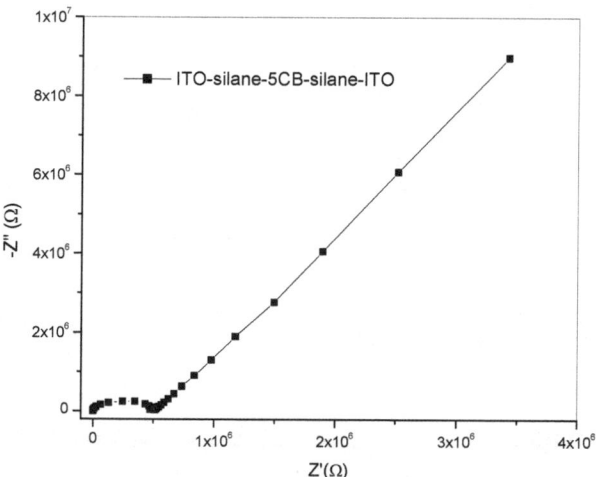

Figure 17 : Spectre d'impédance dans le diagramme de Nyquist mesurée sans polarisation de la cellule ITO-silane-5CB-silane-ITO.

Dans la figure 18, nous représentons, à titre d'exemple, le diagramme de Nyquist de l'impédance complexe de la cellule (ITO-silane-6CB-silane-ITO) sous polarisation de 2V. Le résultat obtenu pour cette cellule est reproduit pour toutes les autres cellules. Deux demi-cercles adjacents apparaissent sur toute la gamme de fréquences. Ces demi-cercles sont presque parfaits, ce qui nous permet de confirmer l'absence de la barrière isolante c.à.d. le blocage du transfert de charges. Nous pouvons donc associer à chacun de ces cercles un circuit électrique équivalent formé par une résistance en parallèle avec une capacité [13]. Dans ce sens, nous avons effectué une modélisation précise que nous présentons dans les paragraphes qui suivent.

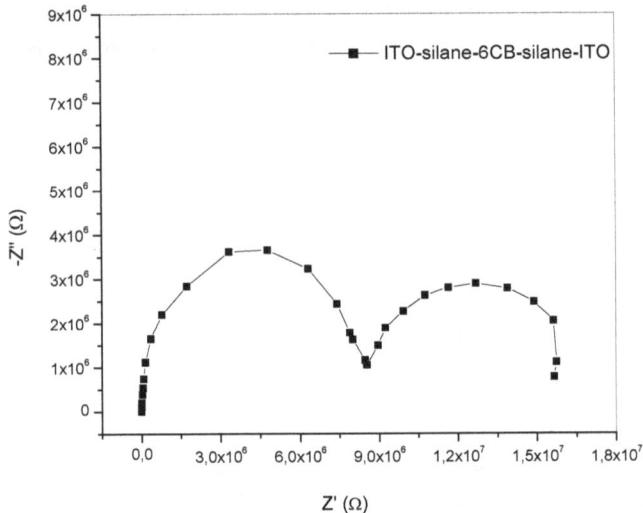

Figure 18 : Spectre d'impédance dans le diagramme de Nycquist mesurée sans polarisation de la cellule ITO-silane-5CB-silane-ITO.

Pour mieux suivre le comportement des cellules dans ce domaine, nous avons représenté dans la figure 19 les parties réelle et imaginaire de l'impédance de la cellule. Nous remarquons dans le spectre du réel de l'impédance (figure 19a) l'existence de trois paliers : Le premier et le deuxième palier sont observés aux niveaux des fréquences intermédiaires (entre 0.1Hz et 10 Hz) et des basses fréquences (entre 1mHz et 100mHz) respectivement. Ils sont de même ordre de grandeur (quelques MΩ) et sont associées respectivement, à la résistance du cristal liquide dans le volume de la cellule et à la résistance à l'interface électrode-cristal liquide. Le troisième palier, apparaît aux hautes fréquences et correspond à une valeur de l'ordre de 1KΩ. Cette résistance est attribuée à celle du contact au niveau des électrodes d'ITO.

Le spectre représentant la partie imaginaire de l'impédance (figure 19b), est caractérisé par deux pics situés à 50 mHz et 20Hz respectivement. Le premier pic, à basse fréquence, est associé au phénomène de relaxation ionique au niveau des interfaces électrode-volume de la cellule. En effet, les impuretés ioniques nécessairement existantes dans le cristal liquide et dans la couche d'alignement migrent, sous une polarisation électrique, vers les interfaces dans la cellule. En se basant sur les travaux de Murakami [14], nous pouvons supposer que cette relaxation est due à la formation d'une double couche à l'interface électrode-cristal liquide. La dite double couche est formée suite à l'adsorption des ions au niveau des électrodes. Ce résultat confirme la possibilité de modéliser les interfaces par un circuit électrique résistance-capacité en parallèle [15]. Le deuxième pic, à plus haute fréquence, correspond à la relaxation de la réorientation des molécules du cristal liquide (relaxation orientationnelle) [16].

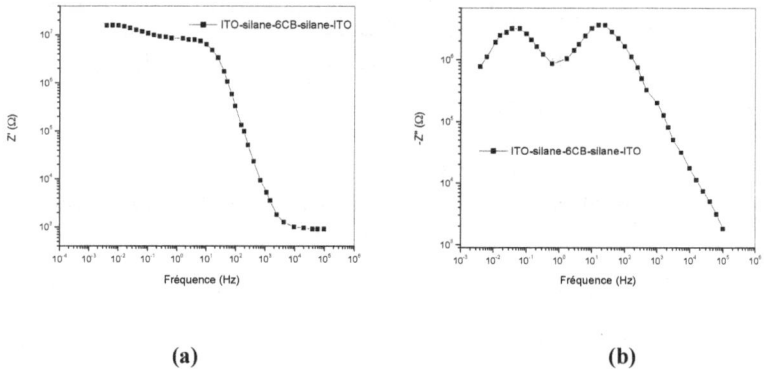

(a)   (b)

Figure 19 : Spectres de la partie réelle (a) et imaginaire (b) de la cellule ITO-silane-6CB-silane-ITO

II-2 -4- Modélisation électrique :

Le comportement diélectrique de la cellule à cristal liquide nous a amené à la modéliser en termes de circuit électrique équivalent. En effet, les mesures d'impédance dans la gamme de fréquences [1mHz-100KHz], prévoient une association éventuelle de circuits équivalents aux différentes parties de la cellule. Dans cette partie nous essayons de modéliser les différentes cellules étudiées précédemment. Ainsi, le circuit électrique choisi (proposée aussi par Martin Chadt [17], est formé par un circuit (R_0//C_0) en série avec deux autres circuits (R_1//C_1) et une résistance Rs (figure 20). Cette dernière est associée à la résistance des contacts au niveau des électrodes d'ITO, son ordre de grandeur est de 1KΩ. Le circuit (R_0//C_0) correspond au cristal liquide dans le volume de la cellule et nous associons les deux circuits (R_1//C_1) aux interfaces électrodes-cristal liquide dans la cellule.

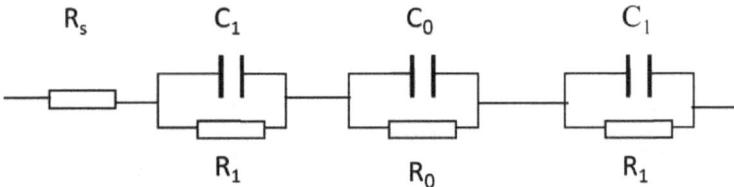

Figure 20 : Schéma du circuit équivalent à la cellule à cristal liquide

Les figures 21 et 22 représentent les spectres des parties réelles et imaginaires ainsi que les simulations correspondantes des cellules de 5CB et 6CB. Les courbes simulées sont obtenues avec une erreur totale (χ^2) inferieure à 0.1%. Les paramètres électriques du circuit équivalent obtenus par cette modélisation (R_s, R_0, C_0, R_1, C_1) sont regroupés dans les tableaux 2 et 3. Nous avons aussi cité dans ces tableaux les temps de relaxation τ_0 et τ_1 correspondant aux sous-circuits ($R_0//C_0$) et ($R_1//C_1$) respectivement. Les temps de relaxations sont déterminés à partir de la relation :

$$\tau_i = R_i C_i \; ; \qquad i = 0 \ ou \ 1$$

A partir des résultats exploités dans les tableaux 2 et 3, nous remarquons que les valeurs des résistances R_0 et R_1 sont de quelques MΩ, caractérisant ainsi des diélectriques. Néanmoins, ces valeurs varient d'une cellule à une autre. Cette variation peut être due à la diversité des conditions de construction des cellules en considérant les différentes manières de dépôts des couches d'alignement sans oublier l'imprécision sur l'épaisseur des cellules.

Les capacités C_0 attribuées aux molécules des cristaux liquides sont de l'ordre du nF. Ces valeurs sont en bon accord avec celles obtenues par d'autres méthodes [18]. Les capacités C_1 sont de quelques μF et se sont associées aux charges aux interfaces au niveau des électrodes.

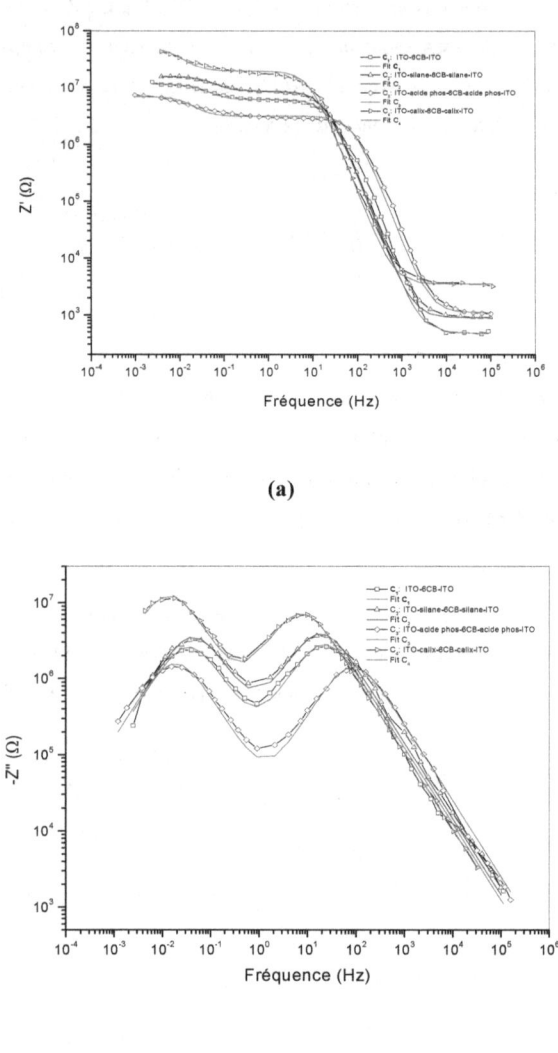

(a)

(b)

Figure 21 : Spectres des parties réelles (a) et imaginaires (b) ainsi que les fits
correspondants des cellules du 6CB (erreur inferieure à 1%).

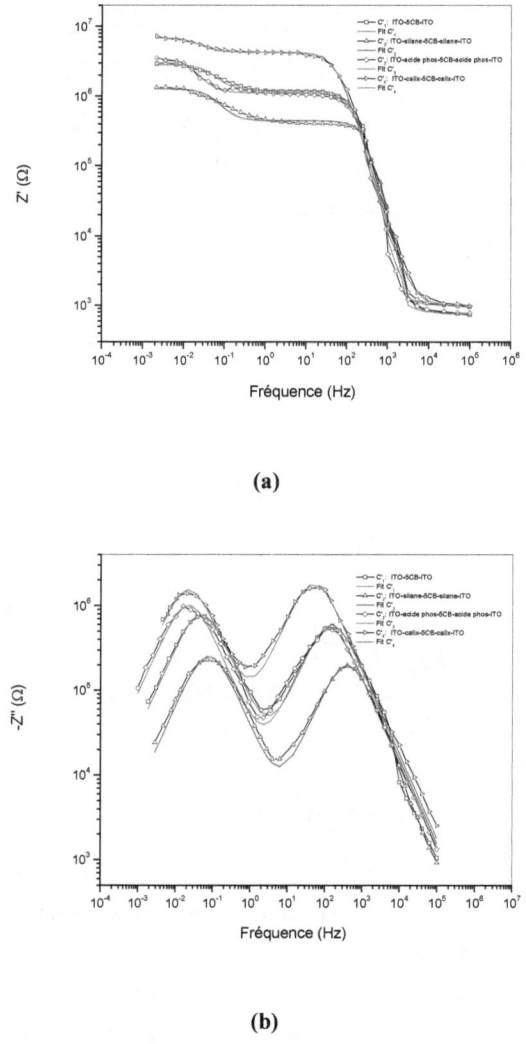

(a)

(b)

Figure 22 : Spectres des parties réelles (a) et imaginaires (b), ainsi que les fits correspondants des cellules du 5CB (erreur inferieure à 1%).

Tableau2 : Paramètres électriques déterminées par modélisation des cellules du 6CB

Cellule	R_s (KΩ)	R_0 (MΩ)	C_0 (10^{-9}F)	R_1(MΩ)	C_1 (10^{-6}F)	τ_0 (ms)	τ_1(s)
C_1	0.48	6.11	1.13	2.67	1.54	6.90	4.11
C_2	0.90	8.59	1.01	3.49	0.83	8.67	2.89
C_3	1.10	3.13	0.62	1.91	4.9	1.94	9.36
C_4	3.50	19.43	0.93	15.04	1.05	18.06	15.79

Tableau3 : Paramètres électriques déterminées par modélisation des cellules du 5CB

Cellule	R_s (KΩ)	R_0 (MΩ)	C_0 (10^{-9}F)	R_1(MΩ)	C_1 (10^{-6}F)	τ_0 (ms)	τ_1(s)
C'_1	1.00	1.22	0.83	0.81	3.86	1.01	3.12
C'_2	0.75	0.45	1.07	0.41	6.28	0.48	2.70
C'_3	0.78	1.13	1.00	1.17	7.50	1.13	8.77
C'_4	1.00	4.26	0.65	1.31	5.31	2.77	6.95

II-3- Effet de la polarisation :

Lors des mesures électriques, un effet de la polarisation est remarqué pour tous les échantillons étudiés. En effet, nous enregistrons une variation en fonction de la polarisation, des caractéristiques déterminées précédemment (figure 23). Ce résultat est observé pour toutes les cellules construites. Nous représentons dans la figure 23 à titre d'exemple les spectres de mesure effectués sur la cellule ITO-acide phosphonique-6CB-acide phosphonique-ITO.

En adoptant le modèle précédent de circuit équivalent, nous remarquons une augmentation de la résistance R_0 et de la capacité C_0 qui caractérisent le cristal liquide en fonction de la polarisation. Par contre une diminution de la résistance R_1 et de la capacité

C_1 qui décrivent les interfaces est observée (tableau 4 et figure 24a et 24b). De ce fait, on peut constater que la relaxation orientationnelle du cristal liquide devient plus lente en augmentant la polarisation, alors que la réponse au niveau de l'interface est plus rapide (figure 24c). Cela peut être expliqué par la migration des impuretés ioniques du volume vers les interfaces.

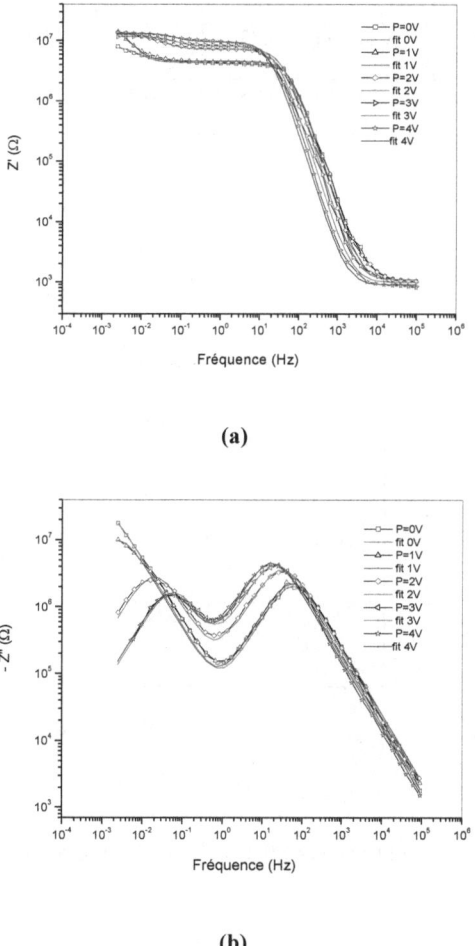

(a)

(b)

Figure 23 : Effet de la polarisation sur les spectres fités d'impédance. (a) partie réelle, (b) partie imaginaire.

Tableau4 : Paramètres électriques déterminées par modélisation : effet de la polarisation.

P(V)	R_s (KΩ)	R_0 (MΩ)	C_0 (10^{-9}F)	R_1(MΩ)	C_1 (10^{-6}F)	τ_0 (ms)	τ_1(s)
0	1.10	4.35	0.56	*	*	2.44	*
1	1.10	4.60	0.58	6.49	6.1	2.67	39.59
2	1.10	7.25	0.57	2.76	1.9	4.13	5.24
3	1.00	8.11	0.73	1.77	1.4	5.92	2.48
4	0.90	9.61	0.98	1.79	1.3	9.42	2.32

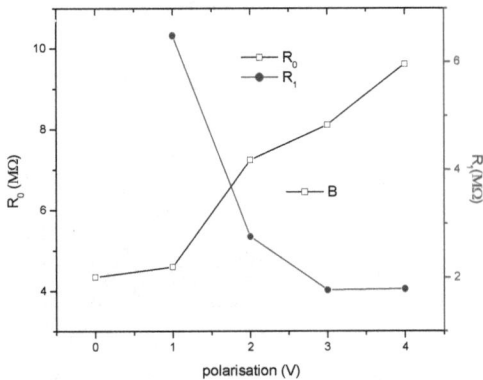

Figure 24a : Effets de la polarisation sur R_0, R_1

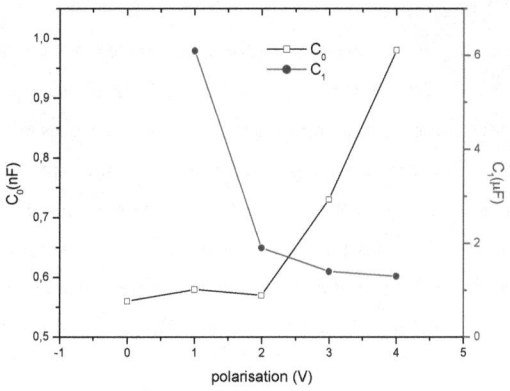

Figure 24b : Effets de la polarisation sur C_0, C_1.

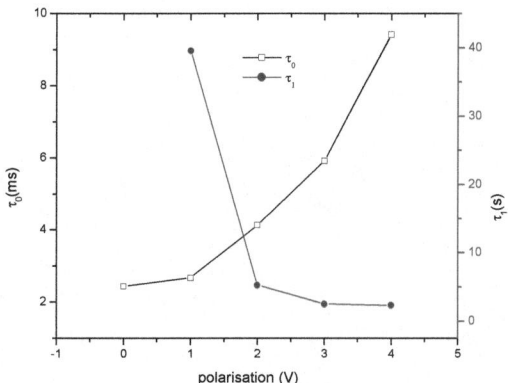

Figure 24c : Effets de la polarisation sur τ_0 et τ_1.

Conclusion :

Dans ce chapitre, nous avons réalisé une caractérisation optique et électrique des cristaux liquide utilisés. Nous avons exploité leurs bandes d'absorption et d'émission et nous observé leur comportement optique quand ils sont déposés en couches minces sur un support solide. La caractérisation électrique est faite sur différentes gammes de fréquences et nous a permis de dissocier les différentes parties d'une cellule à cristal liquide en leur attribuant des grandeurs électriques caractéristiques. Nous avons montré en particulier que la polarisation de la cellule agit sur le temps de relaxation orientationnel des molécules du cristal liquide et distingué les différents mouvements de charges.

Bibliographie

[1] Cours d'analyses physico-chimique des denrées alimentaires, GPEE, 1ère année. Préparé par Pr. R. SALGHI Agadir.

[2] James HENKEL, Essentials of drug product quality (p 130,133). 1978, The Mosby Company, (ISBN 0801600316).

[3] P. L. Burn, D. D. C. Bradley, R H. Friend, D. A. Halliday, A. B. Holmes, R. W. Jackson & A. Kraft, J. Chem. Soc. Perkin Trans., 1 (1992) 3225.

[4] R. W. Lenz, C. C. Han & M. Lux, Polymer, 30 (1989)1041.

[5] Thèse de doctorat à la faculté des sciences de Monastir et l'université Claude Bernard Lyon1, Ahlem Rouis, « Réalisation et caractérisation de capteurs chimiques à base des nouveaux dérivés de calix[4]arènes.(2004)

[6] A. Abderrahmen, F. Fekih Romdhane, H. Ben Ouada and A. Gharbi, SCIENCE AND TECHNOLOGY OF ADVANCEDMATERIALS, 9 (2008) 025001.

[7] Thèse de doctorat à la faculté des sciences de Monastir et l'université Claude Bernard Lyon1, Chérif Dridi, « Etude de la Relation Structure - Propriétés électroniques dans les polymères conjugués » (2003).

[8] Thèse de doctorat à la faculté des sciences de Monastir et l'université Claude Bernard Lyon1, Sonia Besbes «Interfaces polymère électroluminescent dérivé de PPV / ITO : Influence de la fonctionnalisation de surface sur les conditions de fonctionnement des dispositifs » (2004).

[9] M. C. Petty et al. / Colloids and surfaces A : Physicochem. Eng. Aspects 171 (2000) 159-166

[10] H. Koezuka. Et all. J. Appl. Phys. 53(1) 1982

[11] A. K. Jonscher. Thin solid films, 36 (1976) 1-20.

[12] A. Sugimura et all. Jpn. J. Phys. Vol 32 (1993) 116-128

[13] I. H. Campbell et all. Appl. Phys. Lett. 66 (22), (1995)

[14] Shuichi Murakami, Hionori Iga, and Hiroyoshi Naito, J. Appl. Phys. 80 (11), (1996).

[15] G. Barbero et all. J. Appl. Phys. 67 (5), (1990)

[16] M. Okutan et all. Physica B, 368, (2005) 308-317

[17] Schadt M 1993 *Liq. Cryst.* **14** 73

[18] Sugimura A, Takahashi Y and Can O Y Z 1993 *Japan. J. Appl.Phys.* **32** 116

CONCLUSION

Conclusion générale

L'objectif de notre travail était la modification et la caractérisation de l'interface électrode d'ITO- cristal liquide dans la cellule à affichage. Il s'agissait en premier lieu, de déposer sur l'ITO, les couches d'alignement des molécules du cristal liquide. La deuxième étape consiste à construire, à partir de ces lames, les cellules d'affichage à cristaux liquides.

Nous avons donc procédé au début à l'optimisation du protocole de nettoyage de la surface d'ITO que nous avons suivi par des caractérisations systématiques par mesure d'énergie de surface et par spectroscopie d'impédance. Nous avons opté pour un traitement au méthanol dans un soxhlet. Cette méthode augmente l'hydrophilité de la surface et réduit l'injection d'impuretés ioniques dans le volume de la cellule lors de l'application d'un champ électrique. Ce résultat est interprété par la polarité élevée du méthanol par rapport aux autres solvants utilisés.

Les surfaces nettoyées de l'ITO sont traitées par dépôt de couches d'alignement des cristaux liquides. Nous avons réalisé trois types de dépôts, à savoir :

- Greffage d'organosilane permettant une orientation homéotrope.
- Dépôt d'une couche auto assemblée formée de l'acide phosphonique pour une orientation homéotrope.
- Dépôt d'une couche de calixarène[4], qui offre une orientation planaire.

Ces couches sont caractérisées par mesure d'énergie de surface et par imagerie microscopique MEB et AFM. Chacune des surfaces étudiées présente des caractéristiques distinctes des autres.

A partir de ces plaques, nous avons construit des cellules symétriques à cristaux liquides nématiques appartenant à la famille des cyanobiphényls, à savoir le 5CB et le 6CB. Le type d'alignement offert par la couche a été expliqué par la structure et l'arrangement de celle-ci sur la surface d'ITO.

Les cellules ainsi élaborées sont caractérisées par mesures optiques et diélectriques. L'étude de l'absorbance optique dans l'UV-Visible et de la photoluminescence a montré en particulier que les couches d'alignement ne participent pas dans l'émission de la lumière de la cellule. Les spectres d'émission présentent deux pics dans les domaines rouge et violet.

Une étude diélectrique a été réalisée par spectroscopie d'impédance. Les mesures ont été prises dans un domaine large de fréquence allant de 1mHz jusqu'à 13 MHz. Les spectres d'impédance et d'admittance montent qu'un phénomène de blocage dû aux couches d'alignement, peut ou ne pas se manifester suivant le domaine de fréquence. En effet, à hautes fréquences (100KHz- 13MHz) les spectres de Nyquist d'admittance de toutes les cellules étudiées sont des demi-cercles presque idéaux ce qui prouve que la cellule est équivalente à un circuit électrique formé d'une résistance en série avec une capacité de blocage. Cependant, dans les domaines de fréquences de 1 mHz à 1Hz et de 1Hz à 100KHz, ce sont les spectres de Nyquist d'impédance qui ont la forme d'un demi-cercle. Dans ce cas, la cellule est équivalente à un circuit électrique résistance en parallèle à une capacité signalant l'absence du blocage. Ces observations ont été perçues aussi dans les spectres de la conductance en fonction de la fréquence qui ont montré une stabilité à haute fréquence. Par ailleurs, l'analyse des spectres d'impédance, a montré l'existence de deux phénomènes de relaxation diélectrique. Nous avons attribué la première relaxation à fréquence moyenne à la réorientation moléculaire des cristaux liquide. La deuxième relaxation a été associée à la réponse ionique au niveau des interfaces électrode-volume de la cellule.

Par ailleurs, une modélisation en termes de circuit électrique équivalent a été faite sur toutes les cellules à cristaux liquides afin de dissocier les effets des différentes couches de la cellule.

Zeitfracht Medien GmbH
Ferdinand-Jühlke-Straße 7
99095 Erfurt, Deutschland
produktsicherheit@kolibri360.de

Druck:
CPI Druckdienstleistungen GmbH
im Auftrag der
Zeitfracht Medien GmbH
Ein Unternehmen der Zeitfracht - Gruppe
Ferdinand-Jühlke-Str. 7
99095 Erfurt